高等职业教育计算机专业"十二五"规划系列教材

GAODENG ZHIYE JIAOYU JISUANJI ZHUANYE SHIERWU GUIHUA XILIE JIAOCAI

Office 办公软件实操

Office BANGONG RUANJIAN SHICAO

主　编　邱　敏　徐昊君

副主编　于　宙

参　编　鲍　婷　何紫薇　鲁　濛

重庆大学出版社

内容提要

本书系统地介绍了计算机办公软件——文字处理软件 Word 2007、电子表格软件 Excel 2007、演示文稿软件 PowerPoint 2007 的基本操作和使用技巧。本书编写深入浅出，内容丰富，通俗易懂，图文并茂，实用性强，适合作为高职高专院校各专业的计算机公共基础教材，也可以作为办公从业人员的参考用书或 Office 办公应用的培训和自学教材。

图书在版编目（CIP）数据

Office办公软件实操 / 邱敏，徐昊君主编. —重庆：
重庆大学出版社，2015.8(2017.6重印)
高等职业教育计算机专业"十二五"规划系列教材
ISBN 978-7-5624-9322-8

Ⅰ.①O…　Ⅱ.①邱…②徐…　Ⅲ.①办公自动化—
应用软件—高等职业教育—教材　Ⅳ.①TP317.1

中国版本图书馆CIP数据核字（2015）第156787号

高等职业教育计算机专业"十二五"规划系列教材
Office办公软件实操
主编 邱 敏 徐昊君
副主编 于 宙
策划编辑：章 可
责任编辑：陈 力 版式设计：章 可
责任校对：邹 忌 责任印制：张 策
*
重庆大学出版社出版发行
出版人：易树平
社址：重庆市沙坪坝区大学城西路21号
邮编：401331
电话：（023）88617190 88617185（中小学）
传真：（023）88617186 88617166
网址：http://www.cqup.com.cn
邮箱：fxk@cqup.com.cn（营销中心）
全国新华书店经销
重庆华林天美印务有限公司印刷
*
开本：787mm×1092mm 1/16 印张：12.5 字数：203千
2015年8月第1版 2017年6月第3次印刷
ISBN 978-7-5624-9322-8 定价：32.00元

前　言

Microsoft Office 办公软件已渗透到人们生活的各个方面，在各个领域日益发挥着重要的作用，并逐渐改变了人们的工作、学习和生活方式。掌握 Office 办公软件的基本操作技能，已经成为现代人必备的操作应用能力。

本书每个章节介绍了一个独立的办公软件，既可以按照传统的方法顺序阅读，也可以任意选择感兴趣的章节直接阅读。本书从教学实际需求出发，合理安排知识结构，根据高职高专技能型人才培养目标的要求，在内容上力求实用，从零开始、由浅入深、循序渐进地讲解了 Office 办公软件的基础知识。在表达上力求通俗易懂、图文并茂，能够最大限度地吸引读者对 Office 办公软件的兴趣。

本书共三章，各章内容简述如下：

第一章介绍文字处理软件 Word 2007 的操作方法，包括文档的基本操作、设置段落格式及样式、编辑图片和表格、文档的布局和打印等内容，使学生能够熟练地制作出优美实用的文档。

第二章介绍电子表格软件 Excel 2007 的操作方法，包括工作簿管理、工作表编辑和格式化、表格中数据的运算、创建图表的方法、数据的排序、筛选和分类汇总等操作，使学生能够对数据进行统计、分析，并且熟练地制作出精美的表格。

第三章介绍演示文稿软件 PowerPoint 2007 的操作方法，包括演示文稿的基本操作、美化幻灯片和演示文稿、设置背景、动画、音乐以及播放等内容，使学生能够制作出图文并茂、形象生动地演示文稿。

本书由邱敏、徐昊君担任主编，于宙担任副主编，参加本书编写的老师还有鲍婷、何紫薇、鲁濛。

由于作者水平有限，加之时间仓促，书中难免存在错误和不妥之处，敬请读者批评指正。

编　者
2015 年 6 月

目 录

第1章
Word 2007 文字处理软件

1.1 Word 2007 的基本知识

1.1.1 Word 2007 的功能

微软的文字处理软件 Word 是一种在 Windows 环境下使用的文字处理软件，其主要用于日常的文字处理工作，如书写编辑信函、公文、简报、报告、文稿和论文、个人简历、商业合同、Web 页等，具有处理各种图、文、表格混排的复杂文件和实现类似杂志或报纸的排版效果等功能。

1.1.2 Word 2007 的界面介绍

Word 2007 的主要界面如图 1.1 所示，其分为 5 个部分。

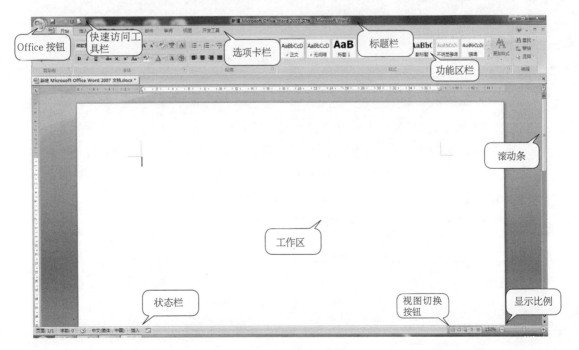

图 1.1　Word 2007 的工作界面

1. 标题栏

标题栏位于窗口上方，由 4 部分组成：一是 Office 按钮；二是快速访问工具栏；三是标题部分；四是窗口控制按钮，具体如图 1.2 所示。

图 1.2　Word 2007 的标题栏

2. 选项卡栏

选项卡栏位于标题栏下方，每一个选项卡都有一个功能区，单击选项卡即可在不同的功能区之间切换，如图 1.3 所示。

图 1.3　Word 2007 的选项卡栏

3. 功能区栏

功能区是由各种命令的按钮组成的，当单击这些名称时并不会打开菜单，而是切换到与之相对应的功能区面板。每个功能区根据功能的不同又分为若干个组，只需在功能区中单击按钮即可完成各种功能。当鼠标指向功能区中的按钮时，会出现一个浮动提示，以显示该按钮的功能，如图 1.4 所示。

图 1.4　Word 2007 的功能区栏

4. 工作区

Word 2007 中间最大的空白区即为工作区，用户可以在其中输入和编辑文字、图片等内容，如图 1.5 所示。

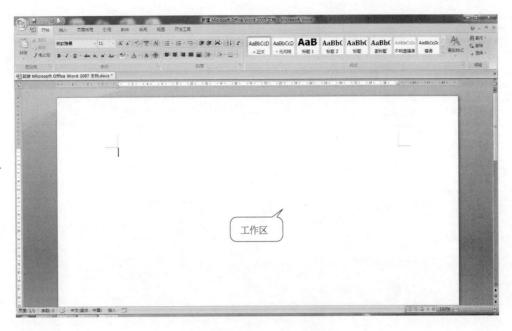

图 1.5　Word 2007 的工作区栏

5. 状态栏

状态栏常见的显示有：文档的页面总数和光标所处于的页数、文档的字数、文档的语言（国家 / 地区）、处于插入还是改写状态等。右侧是视图切换按钮和显示比例，如图 1.6 所示。

图 1.6　Word 2007 的状态栏

1.2　Word 2007 中 Office 的操作

Office 按钮位于 Word 2007 窗口左上角，单击 Office 按钮即可打开 Office 按钮面板，其包含"新建""打开""关闭""保存"和"打印"等公共命令，如图 1.7 所示。

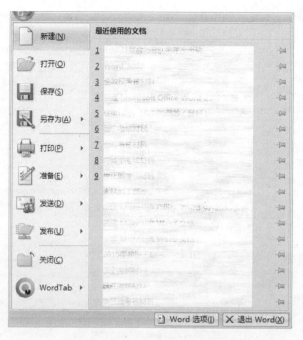

图 1.7　Word 2007 中 Office 按钮面板

　　在 Office 按钮面板的命令中，有些命令的右边有一个箭头，这说明该命令还有下一级菜单，没有箭头的命令如单击命令本身即可被执行，如图 1.8 所示。

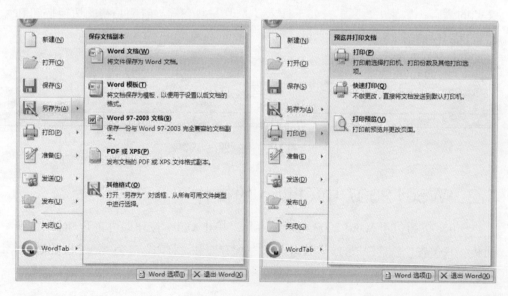

图 1.8　Office 按钮面板中的命令

当 Office 按钮面板中没有显示子菜单时，在 Office 按钮面板的右侧会显示最近使用的 Word 文档列表。在每个历史 Word 文档名称的右侧含有一个固定按钮，单击该按钮即可将该记录固定在当前位置，而不会被后续历史 Word 文档名称所替换，如图 1.9 所示。

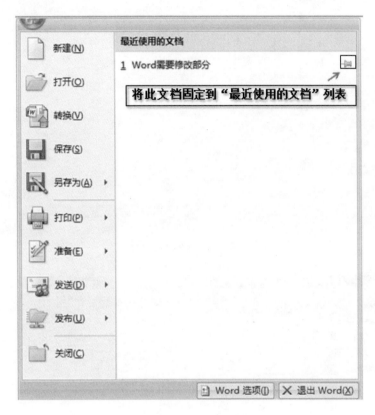

图 1.9　Word 文档历史记录

1.2.1 "新建"命令

第一次启动 Word 时，Word 窗口会自动创建一个新的空白文档，并且自动将其命名为"文档 1"，再次启动 Word，将以"文档 2""文档 3"这样的顺序命名新文档。

如在使用文档的过程中需创建新文档，可单击 Office 按钮，再单击"新建"命令，如图 1.10 所示，然后单击"空白文档"，如图 1.11 所示，即可创建新的空白文档。

除了可以创建空白文档外，Word 2007 还可以根据模板来创建文档，其为用户准备了多种文档类型的模板，模板中针对用户的需求，预设了一些内容，具体步骤如下所述。

图 1.10　新建 Word 文档

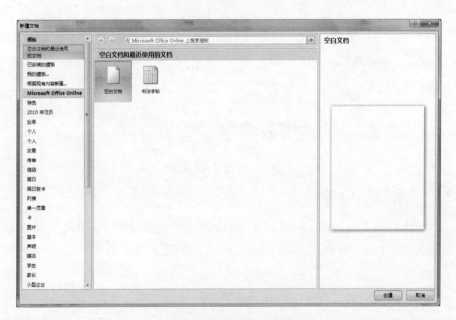

图 1.11　新建"空白文档"对话框

　　先单击 Office 按钮,再单击"新建"命令,如图 1.12 所示,在里面选择所需要的类型,然后单击右下方的"下载"即可。需要提醒的是,使用这些模板须连接上 Internet,如果不能连接 Internet,就只能使用"已安装的模板"中存在的模板。

图 1.12 新建"假日贺卡"对话框

也可单击"新建"命令中"我的模板"或"根据现有内容新建",如图 1.13 所示,来创建实用的模板。

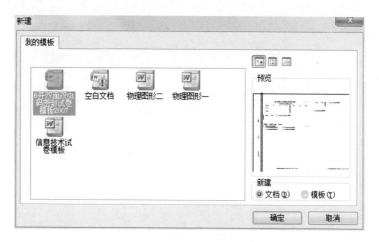

图 1.13 新建"我的模板"对话框

1.2.2 "打开"命令

单击 Office 按钮,再单击"打开"命令,如图 1.14 所示,可选择打开其他文件;也可以通过按键盘上的快捷键"Ctrl+ O"进行打开。

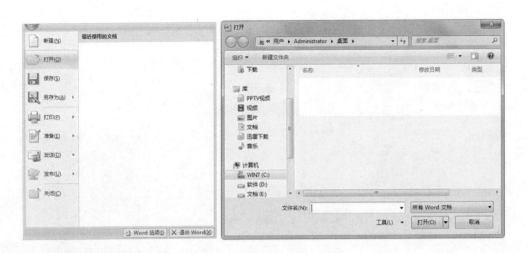

图 1.14　Office 按钮中"打开"命令

1.2.3　"保存"命令

　　无论是新建文档，还是修改后的文档，最后在完成输入、编辑等操作后，都需要保存。即单击 Office 按钮，再单击"保存"命令即可完成指令，如图 1.15 所示。

　　也可以通过按键盘上的快捷键"Ctrl+ S"进行保存。

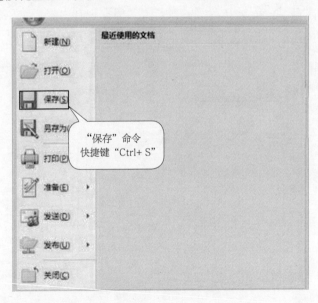

图 1.15　Office 按钮中"保存"命令

　　在默认情况下，文档都是覆盖保存，以新的内容覆盖原有内容。Word 只会在后台保存，不会有对话框提示，在下方的状态栏会显示"Word 正在保存"。

1.2.4 "另存为"命令

保存文件时，如果不希望原有文档被覆盖，此时可以选择将文件另存为一个新的文件，操作方法如下所述。

单击 Office 按钮，再单击"另存为"按钮，或者直接按下"F12"按钮，这时会打开如图 1.16 所示的对话框。在这个对话框中，可以选择需要保存的文件名、文件类型和位置，最后单击"保存"按钮即可。

图 1.16 Office 按钮中"另存为"命令

在使用过程中，会遇到需要保密的文档，有的不能被别人打开，有的要求可以打开但不能被修改，此时，可以用加密保存的方式来保存文档。设置修改权限密码的方式如下所述。

单击 Office 按钮，再单击"另存为"按钮，即打开"另存为"对话框。

在下方单击"工具按钮"，选择"常规选项"命令，可弹出如图 1.17 所示对话框。

此时，可输入文档的打开密码和修改密码，并单击"确定"按钮退出，即可将文件加密保存。

图 1.17 "另存为"中"常规选项"命令

1.2.5 "打印"命令

完成文档后，可通过"打印预览"命令看到实际的打印效果。单击 Office 按钮，选择"打印预览"，在打印预览状态下，可以单击功能区中的页面设置、显示比例、预览等选项进行进一步的调整。完成后，单击左上方"打印" 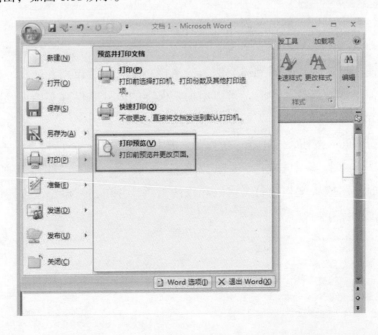 按钮可以对文档进行最后输出，如图 1.18 所示。

图 1.18 Office 按钮中"打印"命令及打印预览命令

1.2.6 "关闭"命令

Word 2007 中取消了 Word 子窗口功能，每个 Word 2007 文档窗口包括全套的 Word 控件，用户可以通过单击 Office 按钮面板的"关闭"命令关闭当前的 Word 2007 文档窗口，而不会关闭整个 Word 2007 窗口，如图 1.19 所示。

图 1.19 Office 按钮中"关闭"命令

1.2.7 "Word 选项"命令

在 Office 按钮中还包含有一个重要按钮,即"Word 选项"按钮。通过"Word 选项"对话框,可以开启或关闭 Word 2007 中的许多功能或设置其参数,如图 1.20 所示。

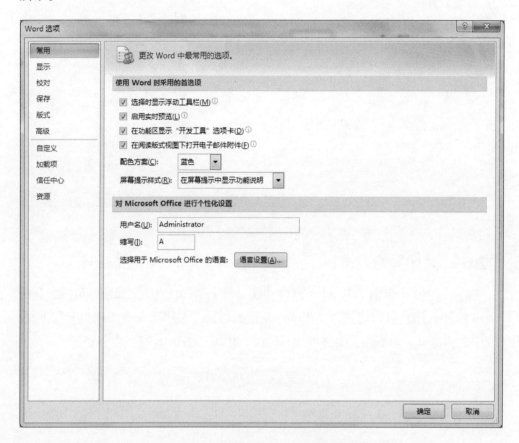

图 1.20 Office 按钮中"Word 选项"命令

1.3 Word 2007 中快速访问工具栏操作

在 Word 2007 默认的主界面可以看到快速访问工具栏,如图 1.21 所示。

也可以将其显示在功能区下方,在菜单栏一行单击右键选择,如图 1.22 所示。

在功能区的任何一个功能按钮都可以添加到快速访问工具栏中,单击最右边的三角形按钮,勾选要使用的快速访问工具栏,如打印预览、打开、保存等。不需要时可单击勾选删除快速访问工具栏,如图 1.23 所示。

图 1.21　快速访问工具栏

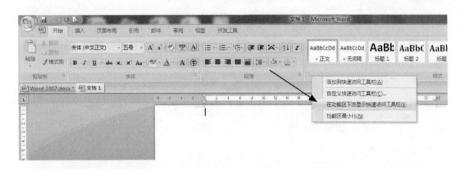

图 1.22　移动快速访问工具栏的位置

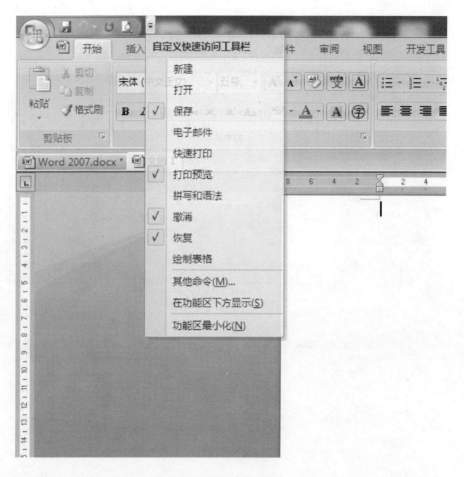

图 1.23　快速访问工具栏

1.4　Word 2007 中"开始"功能区的操作

1.4.1　剪贴板

　　剪贴板的功能为：编辑完文字后，可以选中文字，并将此处的格式用"格式刷"复制到别的文字上。还可以剪切、复制文字到另外的文档。

　　1. 文本的复制、粘贴

　　①选中需要复制的文本。

　　②单击"开始"选项卡"剪切板"功能区中的"复制"按钮，或按下"Ctrl+ C"的组合键，即可将选定内容复制到剪贴板中。

　　③将插入点定位在希望将文档复制的位置。

　　④单击"开始"选项卡"剪切板"功能区中的"粘贴"按钮，或按下"Ctrl+ V"

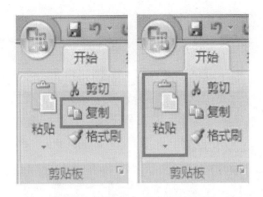

图 1.24 剪切板中的复制和粘贴

的组合键，即可将选定内容复制到相应位置，如图 1.24 所示。

2.剪切

选定文本后，单击"开始"选项卡"剪切板"功能区中的"剪切"按钮，或按下"Ctrl+ X"的组合键，此时文本将不会出现在原有位置，而是将剪切内容放入剪贴板中，剪切后也可根据文本需要进行粘贴，如图 1.25 所示。

图 1.25 剪切板中的剪切   图 1.26 剪切板中的格式刷

3.格式刷

选定文本后，单击"开始"选项卡"剪切板"功能区中的"格式刷"按钮（此时鼠标变成刷子形状），或按下"Ctrl+ Shift+ C"组合键，复制一个位置的格式，然后选定将其应用到的文本即可，如图 1.26 所示。

1.4.2 字体

字体功能为：可以在编辑完相关内容后用鼠标选定内容，单击相关的字体格式，即可更改内容，如颜色、字号、形状、填充颜色等。

1. "字体功能区"详细讲解

①通过"浮动工具栏"可快速设置字符格式。

在 Word 2007 中，用鼠标选定字符后，会弹出一个半透明的浮动工具栏，将鼠标移动到上面就可以显示出完整的屏幕提示，但是在这个浮动的工具栏上，用户只能对"字体""字号""大小"等部分字符格式进行设置，如图 1.27 所示。

图 1.27 浮动工具栏　　　　　　　　图 1.28 "字体"功能区

②通过"功能区"进行设置，可以实现更为复杂的字符格式设置，如图 1.28 所示。

③具体操作介绍。

A. 更改字体、字号。选中文字后，直接单击，用于调整文字的字体及大小。

B. 更改字体大小。选中文字后，直接单击即可增大字号或是缩小字号。

C. 清除格式。选中文字后，直接单击，可清除所选内容的所有格式，仅留下纯文本。

D. 拼音指南。选中文字后，直接单击，显示选中字符的拼音字符及明确发音。

E. 字体边框。在文字周围应用边框，如：字体边框 所示。

F. 字体加粗。选中文字后，直接单击，如：**加粗**所示。

G. 字体倾斜。选中文字后，直接单击，如：*倾斜*所示。

H. 字体下画线。选中文字后，直接单击，如：下画线所示，也可单击右侧按钮选择其他下画线类型或是下画线颜色。

I. 删除线。选中文字后，直接单击，如：删除线所示。

J. 下上标。选中文字后，直接单击，如：下$_标$　上^标　所示。

K. 更改大小写。选中文字后，直接单击，弹出对话框后，可根据内容需要单击命令，如图 1.29 所示。

L. 突出文本颜色。选中文字后，单击右侧按钮，弹出对话框后，可根据内容需要颜色单击即可。

M. 更改字体颜色。选中文字后，单击右侧按钮，弹出对话框如图 1.30 后，可根据内容需要颜色单击即可。

N.　字符底纹。选中文字后，直接单击，如：字符底纹所示。

O.　带圈字符。选中文字后，直接单击，如：带圈字符所示。

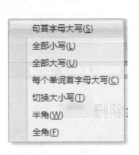

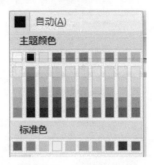

图 1.29　大小写对话框　　　　　　图 1.30　字体颜色对话框

2．"字体对话框"详细讲解

① 打开字体对话框，使用更多命令。

找到 "开始"选项卡"字体"功能区，单击"字体"最右侧按钮，打开字体对话框，如图 1.31 所示；也可在页面空白处单击鼠标右键选择"字体"命令，如图 1.32 所示；或者按下"Ctrl+ D"组合键，即可打开"字体"对话框，如图 1.33 所示。

② "字体"操作介绍，如图 1.34 所示。

③ "字符间距"操作介绍。

字体对话框中的"字符间距"选项可以对文字之间的间距进行设置，如图 1.35 所示。

图 1.31　单击按钮　　　　　　　　图 1.32　选择"字体"命令

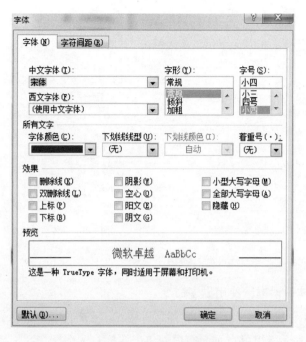

图 1.33　"字体"对话框

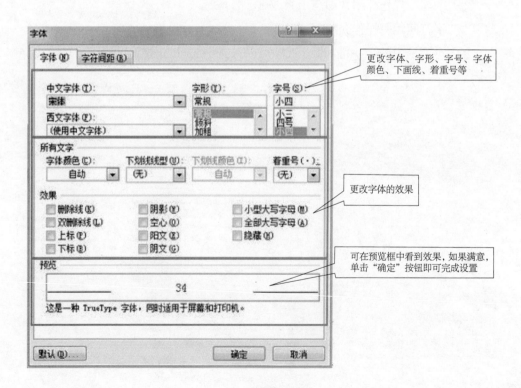

图 1.34　字体格式设置

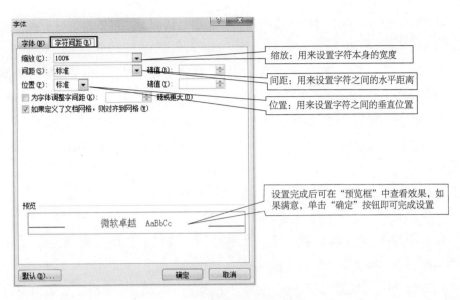

图 1.35 字符间距设置

1.4.3 段落

段落功能为：根据用户需要设置段落的格式，如文字方向、段落的编号、行距、填充颜色等。运用的时候可以先编辑完篇章内容，再更改相应的格式。

段落是一个文档的基本组成单位。段落可以由任意数量的文字、图形、对象及其他内容组成。每次按下"Enter"键时，就会产生一个段落标记。设置不同的段落格式可以使文档布局显得合理并且层次分明。段落格式主要是指段落中行距大小、段落的缩进、换行和分页、对齐方式等。

1."段落功能区"详细讲解

①通过功能区进行设置，如图 1.36 所示。

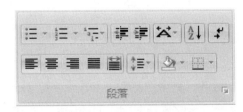

图 1.36 "段落"功能区

②操作介绍。

A. 项目符号：单击右侧箭头按钮，在弹出对话框后，可依据需要选择不同项目符号样式。

B. 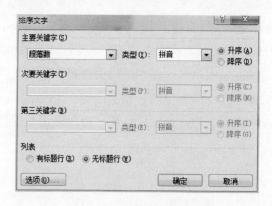 编号：单击右侧箭头按钮，在弹出对话框后，可依据需要选择不同编号格式。

C. 多级列表：单击右侧箭头按钮，在弹出对话框后，可依据需要选择不同多级列表样式。

D. 增加或减少段落缩进量：选中段落后，根据需要单击即可。

E. 中文版式：可自定义中文或混合文字的版式，内容包括：

a.纵横混排：将文字旋转，如：西 ——+—— 东。示框

b.合并字符：将多个字合成一个字，如：第三十二届运动会由 省政府省人大 联合举办。

c.双行合一：两行字显示到一行上，如：第三十二届运动会由 省政府省人大 联合举办。

F. 排序功能：选中需要排序的内容，单击后弹出对话框，可以指定关键字，按数字、日期、笔画、拼音等不同类型的文字或数值数据排序，如图1.37所示。

图 1.37 "排序"对话框

G. 编辑标记：单击按钮，可显示或隐藏段落标记和其他隐藏的格式符号。

H. 对齐方式：5种更改段落文字对齐方式，即文字左对齐、文字居中对齐、文字右对齐、文字两端对齐和文字分散对齐。

I. 行距：更改段落中各行文字之间的距离，单击右侧箭头按钮，在弹出对话框后，可依据需要选择行距数值。

2."段落对话框"详细讲解

①打开字体对话框，使用更多命令。

找到"开始"选项卡"段落"功能区，单击"段落"最右侧按钮，打开"字体"对话框，如图1.38所示；也可在页面空白处单击鼠标右键选择"段落"命令，如图1.39

所示，打开"字体"对话框，如图 1.40 所示。

② "段落"对话框中"缩进和间距"操作介绍，如图 1.41 所示。

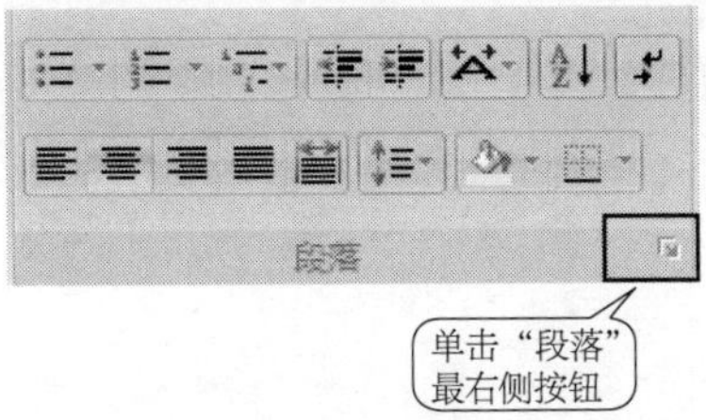

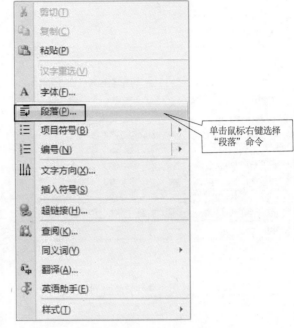

图 1.38　单击按钮

图 1.39　选择"段落"命令

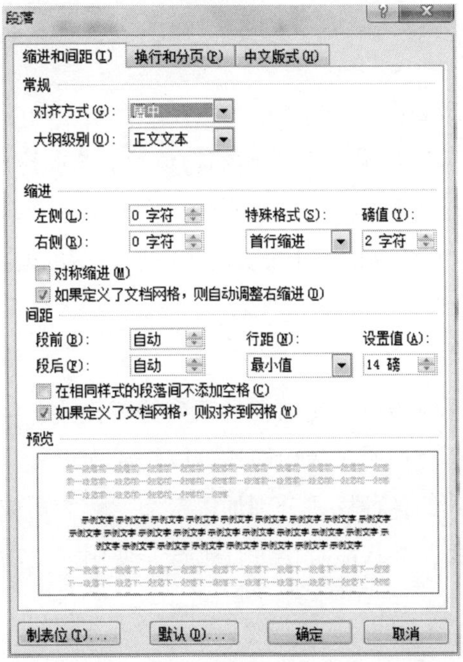

图 1.40　段落对话框

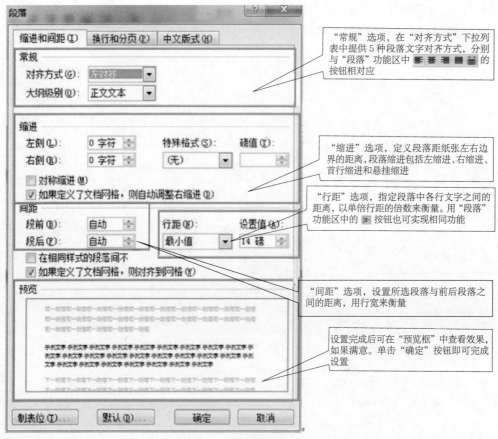

图 1.41　段落设置对话框

③ "段落"对话框中 "换行与分页" 操作介绍,如图 1.42 所示。

Word 2007 会根据一页中能够容纳的行数对文档进行自动分页,但有时由于在段落中分页会影响到文章的阅读,也有的文章对格式要求较高,严格限制在段落中分页,为此 Word 2007 提供关于分页输出时对段落的处理选择。

1.4.4　样式

样式,是指系统或用户定义保存的系列排版格式,包括字体、段落的对齐方式和边距等。在编写文档时,使用样式可以轻松地设置具有统一格式的段落,也可以先将文档中用到的各种样式分别加以定义,然后再应用于各个段落。在下拉菜单中可以更改样式,并且能直接进行预览。使用样式功能设计文本可以提升文档审美度。

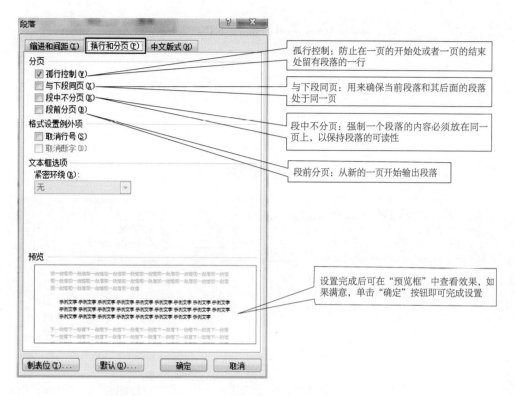

图 1.42　换行与分页设置

1. 使用内置样式

Word 2007 本身自带了许多样式，在"开始"功能区即可看到内置样式，如图 1.43 所示。

图 1.43　内置样式

也可单击"样式"功能区的下拉箭头"　　"，就能看到如图 1.44 所示的所有内置样式。

选中某段文字，单击某样式即可更改选中文字样式。

2. 创建新样式

如果不满意内置样式，可以自己创建新的样式，步骤如下所述，如图 1.45 所示。

图 1.44 所有内置样式

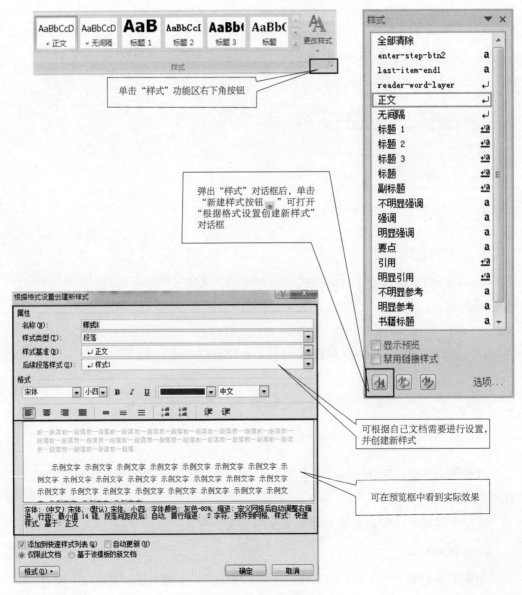

单击"样式"功能区右下角按钮

弹出"样式"对话框后，单击"新建样式按钮 ⚄"可打开"根据格式设置创建新样式"对话框

可根据自己文档需要进行设置，并创建新样式

可在预览框中看到实际效果

图 1.45 创建新样式步骤

3.修改样式

如果使用设计后感觉不满意，可随时修改，步骤如下所述。

可单击更改样式按钮"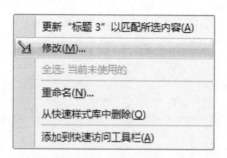"，更改此文档中使用的样式集、颜色及字体。或是在需要修改的样式上单击右键，选择"修改"命令，如图 1.46 所示。弹出修改样式对话框，可根据自己文档的需要进行样式修改，如图 1.47 所示。

图 1.46　"修改"命令

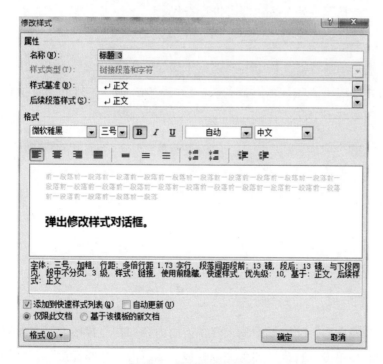

图 1.47　"修改样式"对话框

1.4.5　编辑

编辑功能主要分为查找、替换和选择。可以直接使用快捷键"Ctrl+F"就可调出该功能，并将相应的内容填写在表格中就可以替换或查找。

1. 查找

用来查找文档中指定的文本内容，步骤如下所述。

①单击"查找"  按钮或者按组合键"Ctrl+F"，打开"查找和替换"对话框，如图 1.48 所示。

图 1.48 "查找"对话框

②在"查找内容"文本框中输入需要查找的内容。

③单击"查找下一处"按钮即可进行查找。

2. 替换

替换功能是用来替换文档中的文字，步骤如下所述。

①单击替换按钮"  "或者按组合键"Ctrl+H"，打开"查找和替换"对话框，如图 1.49 所示。

图 1.49 "替换"对话框

②在"查找内容"文本框中输入要替换的内容；在"替换为"文本框中输入替换后的内容；单击"替换"即可完成替换。如单击"全部替换"，可替换文档中所有需要替换的内容。

3. 选择

选择的功能是用来选择文档中的文字或对象，包括全选、选择对象和选择格式相似文本。

①单击选择右侧的箭头按钮"　　选择▾　　"。

②弹出对话框""，可根据需求选择相应内容。

1.5　Word 2007 中"插入"功能区的操作

1.5.1　页

单击"插入"选项卡，可看到功能区中"页"　　　　。

1. 封面

可插入格式化的封面，步骤如下所述。

单击"封面"下方箭头按钮，弹出对话框，如图 1.50 所示。内置封面可自由选择，并填写标题、作者日期和其他信息。如选择封面后，不需要则可单击删除当前封面。

图 1.50　"封面"对话框

2. 空白页

单击"　　"，可在光标位置后插入一个新的空白页。

3. 分页

单击"　　"，可将光标位置后的内容挪到下一个页面。

1.5.2 表格

单击"插入"选项卡,可看到功能区中"表格"  按钮。

1.创建表格

单击"表格"下方按钮,打开"表格"对话框,如图 1.51 所示。

图 1.51 表格界面

可使用鼠标拖动方块格,以此来选择需要插入表格的行列数,但是这种方法最多只能插入 10×8 个单元格。

如需使用插入更多的单元格,可以单击"插入表格"命令,如图 1.52 所示。在这个对话框中,用户可以自由选择需要插入行和列的数量。

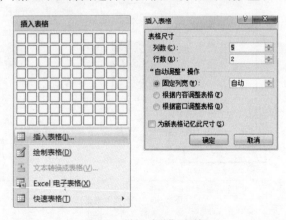

图 1.52 "插入表格"对话框

或者使用"绘制表格"命令来绘制表格,选择绘制表格后,可自由绘制表格。也可单击"Excel 电子表格"命令插入电子表格,或是单击"快速表格",选择内置表格样式,如图 1.53 所示。

内置

表格式列表

项目	所需数目
图书	1
杂志	3
笔记本	1
便笺簿	1
钢笔	3
铅笔	2
带橡记号笔	2 色

带小标题 1

2005 年本地大学学生注册

学院	新生	毕业生	变动
	本科生		
Cedar 大学	110	103	+7
Elm 学院	223	214	+9
Maple 高等专科院校	197	120	+77

带小标题 2

2005 年本地大学学生注册

学院	新生	毕业生	变动
	本科生		
Cedar 大学	110	103	+7
Elm 学院	223	214	+9
Maple 高等专科院校	197	120	+77

将所选内容保存到快速表格库(S)...

图 1.53　"快速表格"对话框

2. 编辑表格

在 Word 文档中插入表格后，每次当光标在表格内时，会自动出现"表格工具"选项卡，如图 1.54 所示。"表格工具"选项卡主要分为"设计"选项卡和"布局"选项卡，如图 1.55 所示。

图 1.54　"表格工具"选项卡

（1）"设计"选项卡

"设计"选项卡可以对表格样式进行更改，包括更改表格颜色、底纹及边框；也可对表格不满意处进行擦除操作，如图 1.55 所示。

图 1.55　"表格工具"—"设计"选项卡

（2）"布局" 选项卡

"布局" 选项卡如图 1.56 所示，重点命令详解如下所述。

图 1.56　"表格工具"—"布局" 选项卡

①绘制斜线表头。

鼠标单击需要绘制斜线表头的表中任何一个单元格，再单击"表格工具"→"布局"选项卡中 "绘制斜线表头"按钮，打开如图 1.57 所示对话框。

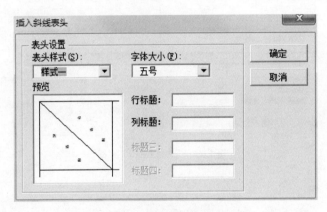

图 1.57　"插入斜线表头" 对话框

可以在图 1.57 对话框中选择表头样式、字体大小，也可对行标题和列标题进行设置，制作完成后的效果如图 1.58 所示。

姓名　　　　科目		

图 1.58　斜线表头制作好效果

②删除行 / 列和插入行 / 列。

A. 删除行 / 列。

将光标定位在表格中，选择要删除的行或列，单击"表格工具"→"布局"选项卡中的"删除"按钮，在弹出的菜单中选择需要删除的行或列，也可选择删除整个表格或某个单元格，如图 1.59 所示。

或是将光标定位在表格中选择要删除的行或列的位置后，单击右键，在弹出的菜单中选择"删除单元格"，也可完成删除任务，如图 1.59 所示。

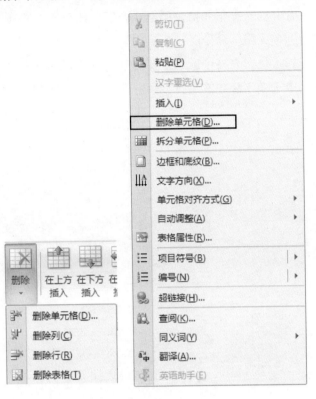

图 1.59　删除行或列

B. 插入行 / 列。

将光标定位在表格中需要插入的行或列的位置，单击"表格工具"→"布局"选项卡中的"行和列"功能区，可选择 "在上方插入"和"在下方插入"行，或者"在左侧插入"和"在右侧插入"列，如图 1.60 所示。

或是将光标定位在表格中需要插入的行或列的位置后，单击右键，在弹出的菜单中选择"插入"也可完成行或列的插入，如图 1.61 所示。

图 1.60　行和列功能区

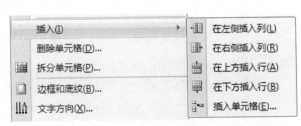

图 1.61　插入行或列

③合并单元格和拆分单元格。

A. 合并单元格。

选中需要合并的若干单元格，单击"表格工具"→"布局" 选项卡"合并"功能区中"合并单元格"命令。

或是将光标定位在表格中，选中要合并的行或列的位置后，单击鼠标右键，在弹出的菜单中选择"合并单元格"命令，也可完成合并任务，如图 1.62 所示。

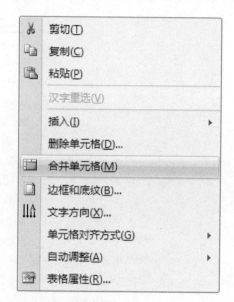

图 1.62　合并单元格

B. 拆分单元格。

选中需要拆分的单元格，单击"表格工具" →"布局"选项卡"合并" 功能区中的"拆分单元格"命令。

或是将光标定位在表格中，选中要拆分的行或列的位置后，单击鼠标右键，在弹出的菜单中选择"拆分单元格"命令，打开拆分单元格对话框，在文本框中填入拆分的行数和列数，单击"确定"按钮，如图 1.63 所示。

④调整单元格大小。

选中需要调整的单元格，单击"表格工具"→"布局"选项卡"单元格大小"功能区中的"自动调整"命令。

单击"自动调整" 按钮，可根据列中文字大小，自动调整列宽。

单击"高度或宽度"按钮，可根据用户所需设置所选单元格的高度和宽度。

单击"分布行或分布列"按钮，在所选行或列之间平均分布高度或宽度。

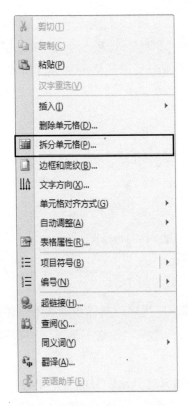

图 1.63　拆分单元格

　　也可单击"单元格大小"最右侧按钮，打开"表格属性"对话框，更改高级表格属性，如尺寸、对齐方式和文字环绕选项，如图 1.64 所示。

图 1.64　表格属性对话框

⑤对齐方式。

选择"表格工具"→"布局"选项卡"对齐方式"功能区，可根据需要选择所选文字对齐方式、更改所选单元格内文字方向或是自定义单元格边距和间距，如图 1.65 所示。

图 1.65　"对齐方式"功能区

⑥排序。

可将表格中的数据按顺序排序，具体步骤如下所述。

将光标定位到表格后，选择"表格工具"→"布局"选项卡"数据"功能区中的"排序"命令。

单击"排序" ![排序按钮] 按钮，打开排序对话框，如图 1.66 所示，在主要关键字中选择"总分"，类型选择"数字"，然后单击"确定"按钮，即可完成对表格的排序。

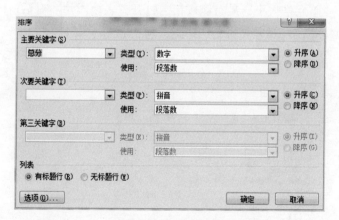

图 1.66　"排序"对话框

⑦表格文本的转换。

Word 可以将文本内容转换为表格形式，也可将表格转换成排列整齐的文档。

A. 将文本转换为表格。

选定需要转换的文本后，选择"插入"选项卡，单击"表格"按钮中的"文本转换为表格"命令，打开对话框，如图 1.67 所示。

对话框里可设置表格的尺寸、文字分隔位置等内容。选择完成后，单击"确定"按钮，可将文字转换为表格。

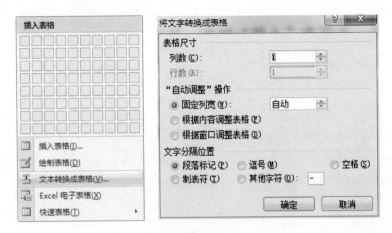

图 1.67　"文本转换为表格"对话框

B. 将表格转换为文本。

将光标定位到要转换成文本的表格，选择"表格工具"→"布局"选项卡"数据"功能区中的"转换为文本"命令。单击"转换为文本"按钮后，打开对话框，如图 1.68 所示。选择完成后，单击"确定"按钮，可将表格转换为文字。

图 1.68　"转换为文本"对话框

⑧公式。

将光标定位到需要计算的单元格，选择"表格工具"→"布局"选项卡"数据"功能区中的"公式"命令。

单击"　𝑓𝑥　"按钮后，打开对话框，如图 1.69 所示。

图 1.69 "公式"对话框

选择完成后，单击"确定"按钮，可在单元格中添加公式，用于执行简单计算。如求和运算"SUM"、平均值运算"AVERAGE"等，也可根据用户实际需要，通过"粘贴函数"选择运算。

1.5.3 插图

1. 图片

（1）图片的插入

①将光标定位在要插入图片的位置，单击"插入"选项卡"插图"功能区中"图片" 按钮，打开"插入图片"对话框，如图 1.70 所示。

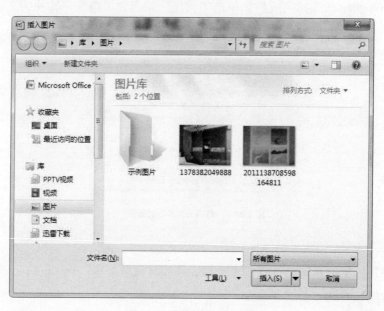

图 1.70 "插入图片"对话框

②选择需要插入的图片，单击"插入"按钮，即可将图片插入文档中。

③ 用此方法插入图片时，可以一次选择多个图片，选定后单击"插入"按钮直接插入文档中。

（2）图片的编辑

插入文档中的图片可以使用 Word 进行编辑和设置。

①单击选定要编辑的图片，上方选项卡栏会出现"图片工具"—"格式"选项卡，如图 1.71 所示。

②在如图 1.71 所示选项卡中可以对图片的亮度、对比度进行调整；也可对图片样式、形状、边框、效果进行修改；对图片位置进行排列以及对图片大小进行裁剪。

图 1.71　"图片工具"—"格式"选项卡

2. 形状

①单击"插入"选项卡"插图"功能区中"形状" 按钮，可选择需要的形状进行插入，如图 1.72 所示。

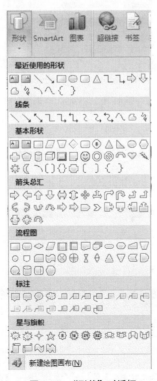

图 1.72　"形状"对话框

②插入形状后，在选中形状时，功能区上方会出现"绘图工具"—"格式"选项卡，可对形状的样式、阴影效果、三维效果、排列、大小进行详细设置，如图 1.73 所示。

图 1.73　"绘图工具"—"格式"功能区

3. Smart Art 图形

①单击"插入"选项卡"插图"功能区中"Smart Art" ![SmartArt]按钮，可选择 Smart Art 图形，以直观的方式展示内容，如图 1.74 所示。

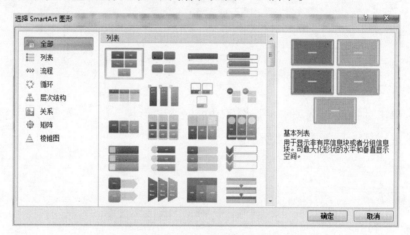

图 1.74　"Smart Art 图形"对话框

②插入 Smart Art 图形后，选中图形时会出现"Smart Art 工具"→"设计"和"格式"选项卡，可对 Smart Art 的样式、布局、形状、形状样式、艺术字样式、排列、大小进行详细设置，如图 1.75 所示。

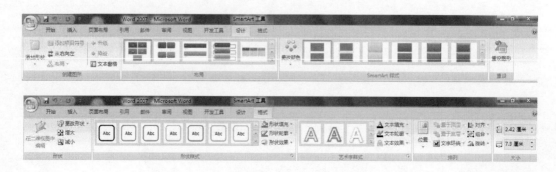

图 1.75　"Smart Art 工具"—"设计"和"格式"选项卡

1.5.4　页眉、页脚和页码

可在文档顶部或者底部输入文档相关信息，如名字、日期、页码等。

1. 插入页眉和页脚

①单击"插入"选项卡，找到"页眉和页脚"功能区，单击"页眉"或"页脚"便可插入页眉和页脚，如图 1.76 所示。

图 1.76　页眉页脚功能区

②单击页眉或页脚下方按钮，便可选择编辑文档的页眉或页脚，此时会出现相应对话框，如图 1.77 所示，可在此选择页眉或页脚模板，也可编辑或删除页眉页脚。

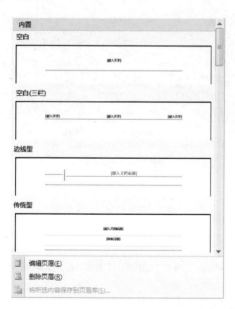

图 1.77　页眉或页脚对话框

③当输入页眉或页脚后，Word 会自动进入页眉或页脚的编辑状态，上方会出现"页眉和页脚工具"→"设计"选项卡，如图 1.78 所示，此时可对页眉、页脚进行导航、设置奇偶数不同的页眉、页脚、位置距离更改等更为细致的设置。

图 1.78　"页眉和页脚" — "设计" 选项卡

2. 页码

①单击"插入"选项卡，找到"页眉和页脚"功能区，单击"页码"按钮便可插入页码到文档中，如图 1.79 所示。可根据需要选择页码所在位置。

②也可选择"设置页码格式"命令，设置页码的格式，如图 1.80 所示。

图 1.79　插入页码

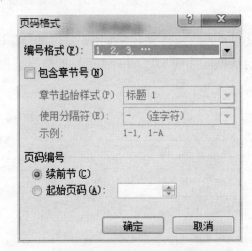

图 1.80　设置页码格式对话框

1.5.5　文本

1. 文本框

文本框是可以在 Word 中独立进行文字输入和标记的图片框，使用步骤如下所述。

①单击"插入"选项卡"文本"功能区中"文本框"下方按钮，可选择用户需要的文本框格式，如图 1.81 所示。

②如果不想使用系统内置的文本框，可选择对话框中下面的"绘制文本框"按钮，用户可根据自己的需要绘制所需文本框。在系统默认的情况下，文本框内的文字是横向显示，用户可根据需要选择"绘制竖排文本框"，此时文字将会是竖排显示。

图 1.81　插入文本框

③选择文本框后，Word 会自动进入文本框工具的编辑状态，在选项卡上方会出现"文本框工具"—"格式"选项卡，在这里即可对文本框的样式、阴影效果、三维效果及文本框内文字位置、排列等进行设置，如图 1.82 所示。

图 1.82　"文本框工具"—"格式"选项卡

2. 艺术字

在 Word 文档中，用户可根据需要创建出各种效果的文字，具体步骤如下所述。

①单击"插入"选项卡"文本"功能区中"艺术字"下方按钮，弹出艺术字样式列表，用鼠标选中所需的样式，如图 1.83 所示。

图 1.83 "艺术字" 列表

②鼠标单击选中需要的样式后，即弹出"编辑艺术字"对话框，如图 1.84 所示，在文本框中输入文字（或者鼠标选中想改变为艺术字的文字，单击"艺术字"，选中样式后，所选文字会自动出现在"文本"框内），然后单击"字体"下拉列表选择所需字体，在"字号"下拉列表中选择所需字号。编辑完成后单击"确定"按钮，艺术字就会插入文档中，如图 1.85 所示。

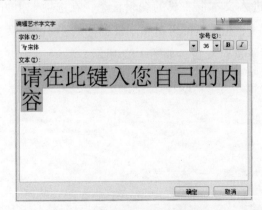

图 1.84 "编辑艺术字文字"对话框

图 1.85 编辑后的艺术字效果

③如果对艺术字效果不满意，可对艺术字效果进行编辑。选定需要进行编辑的艺术字，会出现"艺术字工具"—"格式"选项卡，如图 1.86 所示。在其中可对文字的内容、艺术字的样式、阴影效果、三维效果、文字排列环绕及艺术字形状大小等效果进行设置。

图 1.86　"艺术字工具" — "格式"选项卡

3. 首字下沉

为了使文档美观，或引起对某段文字的注意，故在实际中，可常常看到第一个字或是字母被放大数倍。在 Word 2007 中，用户可以设置首字下沉的效果。

①选中需要首字下沉该段的任意位置，单击"插入"选项卡"文本"功能区中"首字下沉"下方按钮，弹出首字下沉列表，如图 1.87 所示，可在列表中直接选中首字下沉模式，即"下沉"或是"悬挂"。

图 1.87　首字下沉列表

②也可单击"首字下沉"选项命令，弹出"首字下沉"对话框，如图 1.88 所示。可在对话框中对下沉的字体、行数、距离等细节进行设置。

图 1.88　"首字下沉"对话框

1.5.6 符号

"特殊符号"可以让用户将所需的符号插入编辑的句子中。

①单击"插入"选项卡中"特殊符号"功能区，单击"符号"下拉菜单，即出现符号栏，可以单击符号栏上的符号直接将符号插入文档中，如图 1.89 所示。

图 1.89 "符号"下拉列表

②如果符号栏上没有用户需要的符号，则单击"更多"选项，弹出"插入特殊符号"对话框，用户可在此选择特殊符号的类型，然后直接双击符号，就可以将该符号插入文档中光标所在的位置，如图 1.90 所示。通常成对出现的中文符号，如书名号，在用户插入其中的一个后，文档将自动插入另外一个。

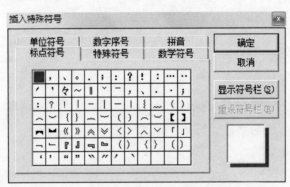

图 1.90 "插入特殊符号"对话框

1.6 Word 2007 中"页面布局"功能区的操作

1.6.1 页面设置

页面设置用来设置文档的文字方向、页边距、纸张方向、纸张大小分栏等，如图 1.91 所示。

图 1.91　"页面设置"按钮

如需要更多的页面设置，可单击"页面设置"按钮，打开对话框进行设置，如图 1.92 所示。

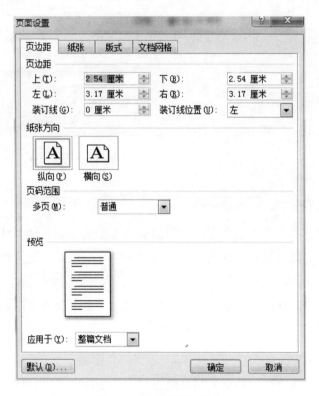

图 1.92　"页面设置"对话框

1. 文字方向

用户可自定义文档或所选文本框中的文字方向，具体步骤如下所述。

①单击"页面布局"选项卡"页面设置"功能区中"文字方向"下方按钮，弹出文字方向列表，用鼠标选中水平或是垂直，如图 1.93 所示。

②也可单击"文字方向选项"命令，即弹出文字方向对话框，在这里可自定义文档或文本框中的文字方向，如图 1.94 所示。

图 1.93　"文字方向"列表　　　　图 1.94　"文字方向"对话框

2. 页边距

页边距选项可设置整个文档或当前节的边距大小，具体步骤如下所述。

①单击"页面布局"选项卡"页面设置"功能区中"页边距"下方按钮，弹出页边距列表。

②单击选择文档上、下、左、右边距大小，也可选择自定义边距，如图 1.95 所示。

3. 纸张方向

纸张方向选项可切换页面的纵向布局或是横向布局，具体步骤如下所述。

单击"页面布局"选项卡"页面设置"功能区中"纸张方向"下方按钮，弹出纸张方向列表，可选择页面纵向或横向布局，如图 1.96 所示。

4. 分栏

分栏选项可将文字拆分为两栏或是更多栏，具体步骤如下所述。

① 选中需要分栏的文字，单击"页面布局"选项卡"页面设置"功能区中"分栏"下方按钮，弹出分栏列表，可以选择文字分为的栏数，如图 1.97 所示。

②也可选择"更多分栏"命令，打开分栏对话框，可将文字分为三栏，加上分割线及修改宽度和间距等，如图 1.98 所示。

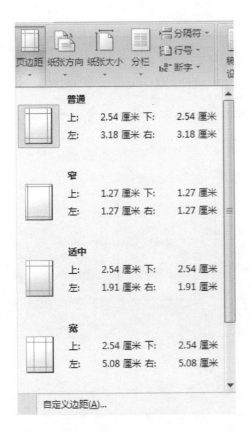

图 1.95　"页边距"列表

图 1.96　"纸张方向"列表

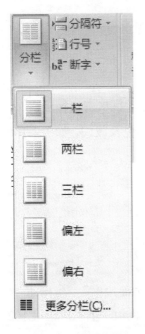

图 1.97　"分栏"列表

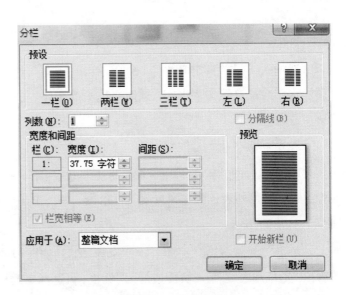

图 1.98　"分栏"对话框

1.6.2 页面背景

1. 水印

水印选项可在页面内容后面插入虚影文字，具体步骤如下所述。

①单击"页面布局"选项卡"页面背景"功能区中"水印"下方按钮，弹出水印列表，可选择水印样本，如图 1.99 所示。

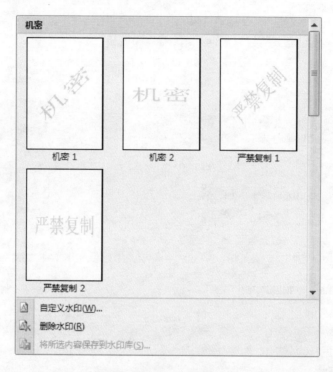

图 1.99　"水印"列表

② 也可单击"自定义水印"命令，弹出"水印"对话框，在这里可选择无水印、图片水印或是自编文字水印，同时可以更改字体、字号、颜色及版式，如图 1.100 所示。

2. 页面颜色

单击"页面布局"选项卡"页面背景"功能区中"页面颜色"下方按钮，弹出页面颜色列表，可选择页面的背景色，如图 1.101 所示。

3. 页面边框

单击"页面布局"选项卡"页面背景"功能区中的"页面边框"按钮，弹出"边框和底纹"—"页面边框"对话框，可选择更改页面周边的边框，如图 1.102 所示。

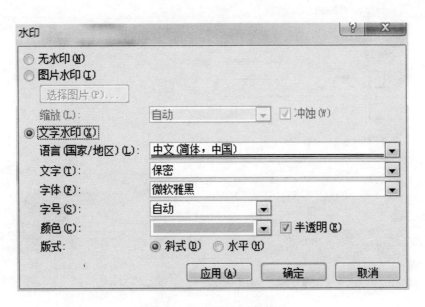

图 1.100　"水印"对话框

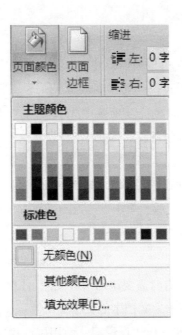

图 1.101　"页面颜色"列表

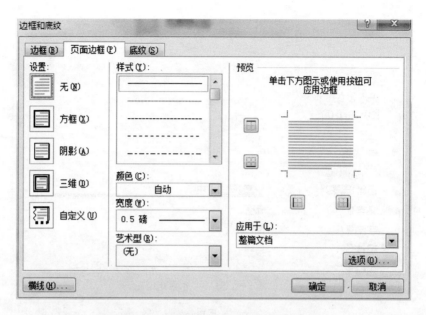

图 1.102　"边框和底纹"—"页面边框"对话框

1.7　Word 2007 中"引用"功能区的操作

1.7.1　目录

在编辑较长文档时，可根据需要建立文档目录，目录中包含文档中的各级标题和相应页码，便于使用查找。具体步骤如下所述。

单击"引用"选项卡"目录"功能区中"目录"下方按钮，即弹出目录下拉列表，可选择手动目录和自动目录两种，如图 1.103 所示。

手动目录设置是自己手动编写，自动目录是根据文档中的样式自动生成。如果对自动内置的样式不满意，也可以选择"插入目录"命令，打开"目录"对话框，如图 1.104 所示。设置完成后，单击"确定"即可在文档中插入目录。

1.7.2　脚注和尾注

在整理 Word 文档时，有时需要添加参考文献、注释等，这时就会用到注释功能，注释分为脚注和尾注，用于为文档中的文本提供解释、批注以及相关的参考资料。一般使用脚注对文档内容进行注释说明，而用尾注说明引用的文献。脚注插入在本页最下方，尾注则插入在整个文档最后。操作步骤如下所述。

①将光标放在需要插入脚注的地方，单击"引用"选项卡"脚注"功能区"插入脚注" AB¹ 按钮。

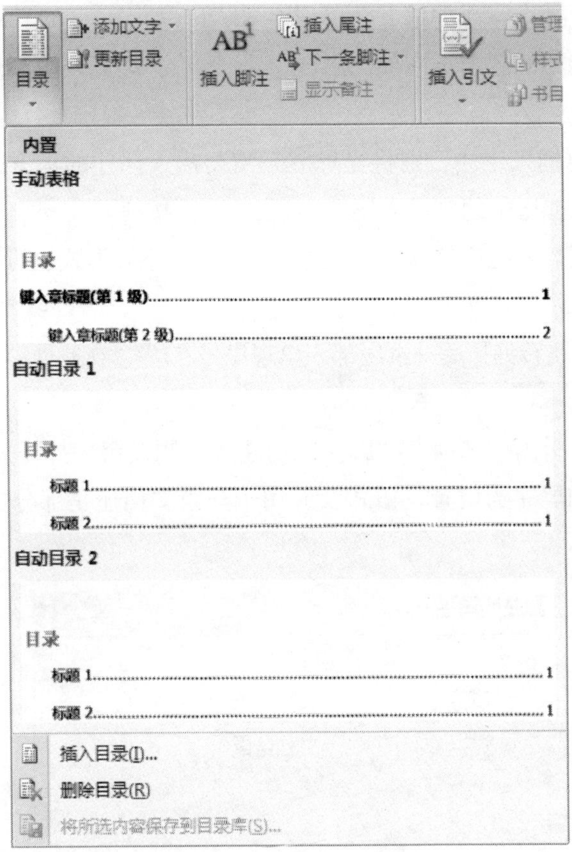

图 1.103　“目录”下拉列表

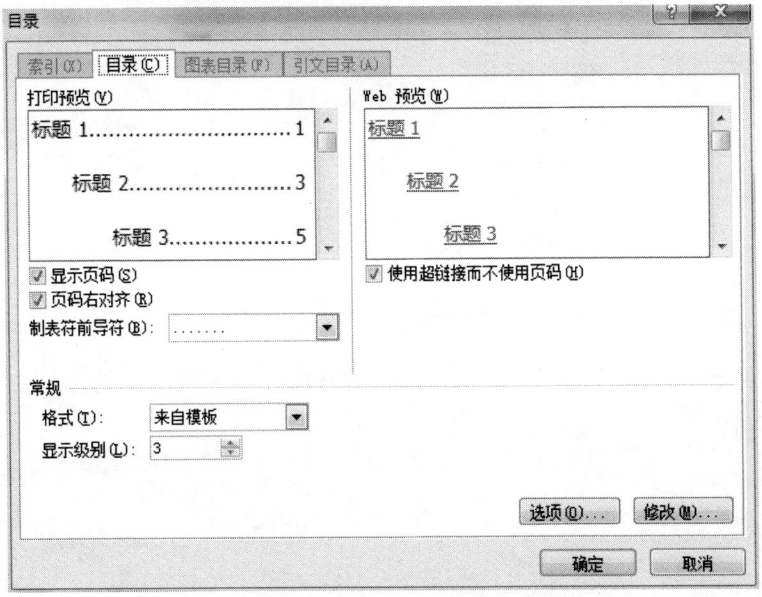

图 1.104　“目录”对话框

②此时在需要插入脚注的地方会出现序号"1"如：脚注和尾注[1]。

③光标会自动跳转到当页底部，出现序号"1"，在此处填写注释信息即可。如：1 _____ 。

④若同时需要插入尾注，则将光标放到需要插入尾注的地方，单击"引用"选项卡"脚注"功能区中的"插入尾注" 插入尾注 按钮。

⑤此时在需要插入尾注的地方出现序号"i"，序号形式也可由自己设置。如：脚注和尾注[i] 。

⑥光标会自动跳转到最后一页底部，出现序号"i"，在此处填写注释信息即可 如：i _____ 。

⑦也可单击"引用"选项卡"脚注"功能区右侧按钮，打开"脚注和尾注"对话框，对脚注和尾注的位置、格式及应用于全篇文档还是部分文档进行设置，如图 1.105 所示。

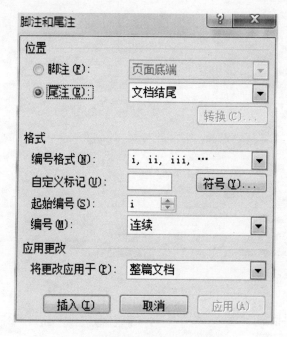

图 1.105 "脚注和尾注"对话框

⑧如果想删除脚注或尾注，可将光标停在脚注或尾注对应的标号上，然后按删除键即可。

1.8 Word 2007 中 "审阅" 功能区的操作

1.8.1 拼写和语法

在编辑文档时，可以使用 Word 2007 中的 "拼写和语法" 功能检查 Word 文档中存在的单词拼写错误或语法错误，并且可以根据实际需要设置 "拼写和语法" 选项，使拼写和语法检查功能更适合自己的使用需要，具体步骤如下所述。

①单击 "审阅" 选项卡 "校对" 功能区 "拼写和语法" 按钮，打开 "拼写和语法" 对话框，如图 1.106 所示。

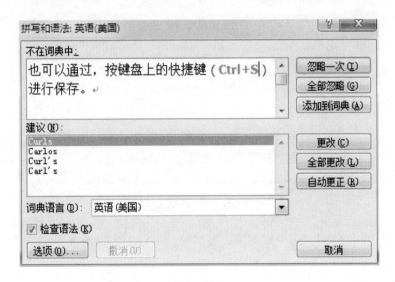

图 1.106 "拼写和语法" 对话框

②在打开的 "拼写和语法" 对话框中单击 "选项" 按钮，弹出 "Word 选项" 对话框中 "校对" 对话框，如图 1.107 所示。

"校对" 对话框中各个选项的命令含义如下所述，可以根据实际需要选择或取消。

①忽略全部大写的单词：选中该选项将忽略检查全部大写的英文单词，例如 Word。

②忽略包含数字的单词：选中该选项将忽略检查含有数字的英文单词，例如 EQ123。

③忽略 Internet 和文件地址：选中该选项忽略检查网址、电子邮件地址和文件路径。

图 1.107 "校对"对话框

④标记重复单词：选中该选项，可以对同一行中连续出现两次的单词作出拼写错误的提示。

⑤加强法语重音大写：选中该选项，可以对没有标记为重音的法语大写字母作出拼写错误的提示。

⑥仅根据主词典提供建议：选中该选项，将仅依据 Word 内置词典进行拼写检查，而忽略自定义词典中的单词。

⑦自定义词典：选中该选项启用自定义词典，但受到"仅根据主词典提供建议"的限制。

⑧键入时检查拼写：选中该选项，将在输入单词或短语时检查拼写正误。

⑨使用上下文拼写检查：选中该选项，将根据上下文内容检查单词或短语的拼写正误。

⑩键入时标记语法错误：选中该选项，将在输入文章内容时同步检查并标记语法错误。

⑪随拼写检查语法：选中该选项，将在检查单词或短语的拼写正误时同步检查语法错误。

⑫显示可读性统计信息：选中该选项，在完成拼写和语法检查后打开统计信息对话框。

⑬只隐藏此文档中的拼写错误：选中该选项，则隐藏红色波浪线，但拼写检查功能并没有被关闭。

⑭只隐藏此文档中的语法错误：选中该选项，则隐藏绿色波浪线，但语法检查功能并没有被关闭。

1.8.2 信息检索

在使用文档时，可以利用 Word 2007 的"信息检索"功能从不同的检索资源查找相关资料。例如，在编辑文档时碰到不认识的文字或单词，用户可以使用"信息检索"功能从 Office 2007 中安装的字典工具或网络上的资料来查询该文字或单词的解释。具体操作步骤如下所述。

①单击"审阅"选项卡"校对"功能区"信息检索"按钮 ，文档的右侧将打开"信息检索"对话框，如图 1.108 所示。

②在"检索"下的输入框中输入要查询的文字，并在下方的列表框中选择要查询资料的来源。

③单击"信息检索"的任务窗格最下方的"信息检索选项"按钮，弹出"信息检索选项"窗口，可进行相关设置，或者启动"家长控制"功能以过滤不良信息，如图 1.109 所示。

④然后单击搜索输入框右侧的方向向右的箭头按钮即可进行查询操作。

图 1.108 "信息检索"对话框

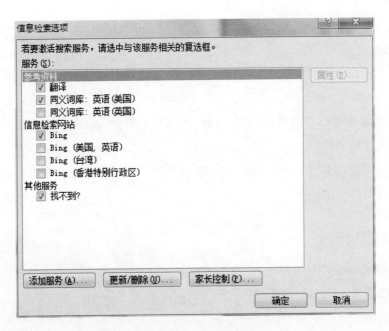

图 1.109　信息检索选项窗口

1.8.3　翻译

在使用文档时，如果遇到不认识的英文，或是想将中文翻译成英文时，在没有网络的情况下，用户可以使用 Word 2007 自带的翻译功能进行翻译。具体操作步骤如下所述。

①单击"审阅"选项卡"校对"功能区"翻译" 按钮，文档的右侧将打开"信息检索"对话框，如图 1.108 所示，在其中选择"翻译"工具。

②单击"翻译"选项，在弹出的"信息检索"中，用户可以看到由用户选定的词语自动进行了翻译，还可以对"翻译为"进行设置，英文转中文或是中文转英文均可，也可将文档翻译成其他语言，还可以对整个文档进行翻译，或是单击"翻译选项"命令，以选择更多功能，如图 1.110 所示。

1.8.4　中文简繁转换

在使用文档时，如需用到繁体字，可直接在 Word 2007 中输入简体字，然后进行一次转码将简体字转换为繁体，具体操作步骤如下所述。

①选取需要转换的文字，如果整篇文档都要转换，则在键盘上按" Ctrl +A"以选取整个文档的内容。

②单击"审阅"选项卡"中文简繁转换"功能区中"简转繁" 中文简繁转换 按钮，即可完成操作。

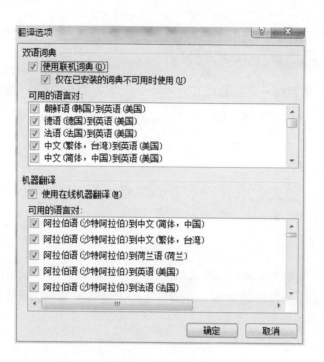

图 1.110　"翻译"工具

③如果需要将繁体转为简体，则单击"繁转简"按钮即可。

1.9　Word 2007 中"视图"功能区的操作

1.9.1　文档视图

在 Word 2007 中提供了 5 种视图供用户选择，这 5 种视图包括页面视图、阅读版式视图、Web 版式视图、大纲视图和普通视图。

单击"视图"选项卡，找到"文档视图"功能区，可在此自由切换文档视图，也可在 Word 2007 窗口的右下方单击视图按钮切换视图，如图 1.111 所示。

图 1.111　文档视图

1. 页面视图

页面视图可以显示 Word 2007 文档的打印结果外观，主要包括页眉、页脚、图形对象、分栏设置、页面边距等要素，是最接近打印效果的页面视图。

2. 阅读版式视图

阅读版式视图以图书的分栏样式显示 Word 2007 文档，Office 按钮、功能区等窗口元素被隐藏起来。在阅读版式视图中，用户还可以单击"工具"按钮选择各种阅读工具。

3. Web 版式视图

Web 版式视图是以网页的形式显示 Word 2007 文档，Web 版式视图适用于发送电子邮件和创建网页。

4. 大纲视图

大纲视图主要用于 Word 2007 文档的设置和显示标题的层级结构，并可以方便地折叠和展开各种层级的文档。大纲视图广泛应用于 Word 2007 长文档的快速浏览和设置中。

5. 普通视图

普通视图取消了页面边距、分栏、页眉页脚和图片等元素，仅显示标题和正文，是最节省计算机系统硬件资源的视图方式。

1.9.2 显示比例

在 Word 2007 文档窗口中可以设置页面显示比例，以调整 Word 2007 文档窗口的大小。显示比例仅仅调整文档窗口的显示大小，并不会影响实际的打印效果，具体步骤如下所述。

①单击"视图"选项卡"显示比例"功能区"显示比例" 按钮 。

②在打开的"显示比例"对话框中，可以通过选择预置的显示比例（如200%、100%、75%、页宽）设置 Word 2007 页面显示比例，也可以微调百分比数值以调整页面显示比例，如图 1.112 所示。

③ 除了在"显示比例"对话框中设置页面显示比例以外，还可以通过拖动在 Word 2007 窗口的右下方滑块 放大或缩小显示比例。

图 1.112　"显示比例"对话框

第2章
Excel 2007 电子表格制作软件

2.1 Excel 2007 的基础知识

2.1.1 Excel 2007 的主要功能

Excel 2007 也是 Microsoft Office 2007 的常用组件，使用该软件可以快速、简便地处理原始数据，并制作出统计图表。在学习 Excel 之前，先对 Microsoft Office 的文字处理软件与电子表格处理软件的功能作一个比较，具体见表 2.1。

表 2.1　文字处理软件与电子表格软件的比较

比较对象	文字处理软件 Word	电子表格处理软件 Excel
主要处理对象	文字	数据
主要处理功能	灵活的文字格式设置，可以根据需要制作很多格式的文字文档	灵活的数据处理方式，可以很快捷地输入、计算、分析及形象显示分析结果
相同点	均是对原始信息进行基本加工处理的软件，都是办公室工作必需软件	
相通点	均是信息处理应用软件，都属于 Microsoft Office 办公套件，所以其用户界面、操作方法、命令功能等都非常相近及相同	

"数据处理"实际上是一个非常广义的概念，包含了与数据这个对象所进行的一切活动。具体地说，Excel 拥有强大的计算、分析、传输和共享功能，可以帮助用户将繁杂的数据转化为信息。

1. 数据记录与整理

孤立的数据所包含的信息量太少，而过多的数据又让人难以理清头绪，利用表格的形式将它们记录下来，并加以整理是一个不错的方法。

大到多表格视图的精确控制，小到一个单元格的格式设置，Excel 几乎能为用户考虑到在处理表格时想做的一切。除此以外，利用条件格式功能，用户可以快速地标志出表格中具有特征的数据，而不必用肉眼去逐一查找。利用数据有效性功能，用户还可以设置何种数据允许被记录，而何种不允许。对于复杂的表格，分级显示功能可以帮助用户随心所欲地调整表格阅读模式。

2. 数据计算

Excel 的计算功能与算盘、普通电子计算器相比，完全不可同日而语。四则运算、开方乘幂这样的计算只需用简单的公式来完成，而一旦借助了函数，则可以执行非常复杂的运算。

内置充足又实用的函数是 Excel 的一大特点，函数其实就是预先定义的，能够按一定规则进行计算的功能模块。在执行复杂计算时，只需要先选择正确的函数，然后为其指定参数，它就能以很快的速度返回结果。

Excel 内置了 300 多个函数，分为多个类别。利用不同的函数组合，用户可以完成绝大多数领域的常规计算任务。在以前这些计算任务都需要专业计算机研究人员进行复杂编程才能实现，而现在的任何一个普通的用户只需要单击几次鼠标就可以了。

3. 数据分析

要从大量的数据中获取信息，仅仅依靠计算是不够的，还需要利用某种思路和方法进行科学的分析，数据分析也是 Excel 擅长的一项工作。

排序、筛选和分类汇总是最简单的数据分析方法，它们能够合理地对表格中的数据作进一步的归类与组织。而"列表"功能则是一项非常实用的功能，它允许用户在一张工作表中创建多个独立的数据列表，以进行不同的分类和组织。

此外，Excel 还可以进行 Whst-If 分析，以及执行更多更专业的分析。

4. 商业图表制作

所谓一图胜千言，一份精美切题的商业图表可以让原本复杂枯燥的数据表格和总结文字立即变得生动起来。Excel 的图表图形功能，可以帮助用户迅速地创建各种各样的商业图表，以直观形象地传达信息，如图 2.1 所示。

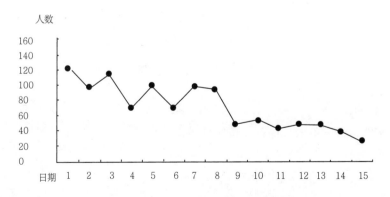

图 2.1　用 Excel 2007 制作出的人员培训数据统计表

5.信息传递和共享

协同工作是 21 世纪的重要工作理念，Excel 2007 不但可以与其他 Office 组件进行无缝链接，而且可以帮助用户通过 Intranet 与其他用户进行协同工作，方便地交换信息。

6.自动化定制 Excel 的功能和用途

尽管 Excel 自身的功能已经能够满足绝大多数用户的需要，但用户对计算和分析的需求是永无止境的。针对这种情况，Excel 内置了 VBA 编程语言，允许用户定制 Excel 的功能，开发自己的自动化解决方案。从只有几行代码的小程序，到功能齐备的专业管理系统，以 Excel 作为开发平台所产生的应用案例数不胜数。

2.1.2 启动和退出

1.启动 Excel 2007

①首先用鼠标单击 Windows XP 操作系统左下角的"开始"按钮，在随之出现的菜单中单击"所有程序"项，打开程序级联菜单后，再单击"Microsoft Office"选项，单击"Microsoft Office Excel 2007"即开始启动。

②如果在桌面上生成了 Excel 2007 的快捷方式，则可以在 Windows XP 的桌面上直接双击"Microsoft Excel 2007"图标，即可启动 Excel 2007。

2.退出 Excel 2007

①退出时如果有文件没有保存，Excel 2007 会显示一个对话框，如图 2.2 所示。

图 2.2　Excel 2007 保存对话框

②退出时如果 Excel 文件没有命名，则会出现"另存为"对话框，在此框中键入新文件名后，单击"保存"按钮即可。

2.1.3　Excel 2007 的新界面

和以前的版本相比，Excel 2007 的工作界面颜色更加柔和，更贴近于 Windows

XP 操作系统。Excel 2007 的工作界面主要由 Office 按钮、快速访问工具栏、标题栏、功能区、编辑栏、列标和行号、工作表格区、工作表标签、滚动条、状态栏、显示模式和显示比列等元素组成，如图 2.3 所示。

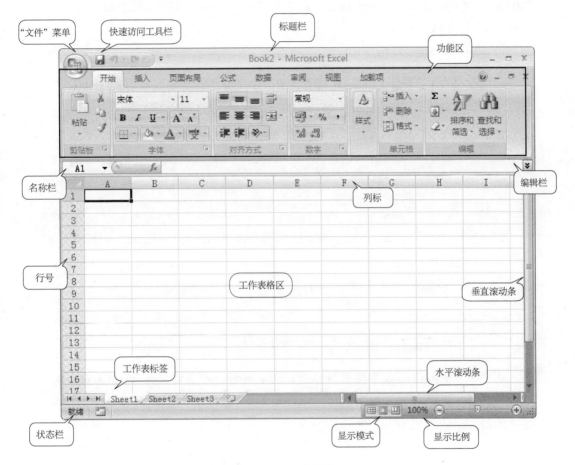

图 2.3　Excel 2007 工作界面

1."文件"菜单

单击 Excel 2007 工作界面左上角的"Office 按钮"，即可打开"文件"菜单。在该菜单中，用户可以利用其中的命令新建、打开、保存、打印、共享以及发布工作簿。

2.快速访问工具栏

Excel 2007 的快速访问工具栏中包含最常用操作的快捷按钮，以方便用户使用。单击快速访问工具栏中的按钮可以执行相应的功能。

3. 标题栏

标题栏位于窗口的最上方,用于显示当前正在运行的程序名及文件名等信息。如果是刚打开的新工作簿文件,用户所看到的文件名是"Book1",这是 Excel 2007 默认建立的文件名。单击标题栏右端的按钮"　　"可以最小化、最大化或关闭窗口。

4. 功能区

功能区是在 Excel 2007 工作界面中添加的新元素,它将旧版本 Excel 中的菜单栏与工具栏结合在一起,以选项卡的形式列出 Excel 2007 中的操作命令。

在默认情况下,Excel 2007 功能区中的选项卡包括:"开始"选项卡、"插入"选项卡、"页面布局"选项卡、"公式"选项卡、"数据"选项卡、"审阅"选项卡、"视图"选项卡以及"加载项"选项卡。

5. 状态栏与显示模式

状态栏位于窗口底部,用来显示当前工作区的状态。 Excel 2007 支持 3 种显示模式,分别为"普通"模式、"页面布局"模式与"分页预览"模式,单击 Excel 2007 窗口状态栏右下角的"　　"按钮可以切换显示模式。

2.2　工作簿和工作表的基本操作

在对 Excel 2007 的基本功能与界面有所了解后,本节将详细介绍 Excel 2007 中工作簿和工作表的基本操作,包括运行与关闭 Excel 2007 以及创建、保存与打开工作簿。

2.2.1　工作簿、工作表、单元格和活动单元格

1. 工作簿

扩展名为".xlsx"的文件就是用户通常所说的工作簿文件,工作簿是用户进行 Excel 操作的主要对象和载体,是 Excel 用来计算和存储数据的文件,其中可以包含一个或多个工作表。

2. 工作表

如果把工作簿比作一本书,工作表就类似于书本中的书页,工作表是工作簿的组成部分。在默认情况下,一个新的工作簿中包含有 3 个工作表,即 Sheet1、

Sheet2、Sheet3，一个工作簿中至少需要一个可视工作表。

3. 单元格

每一个工作表都是由单元格组成的。单元格位置由交叉的列、行名表示。列标由 A、B、C 等字母表示；行号由 1、2、3 等数字表示。例如第三行和第三列交叉的单元格表示方式为：单元格 C3。

4. 活动单元格

每个工作表只有一个单元格是活动单元格，即四周带粗线黑框的单元格，其名字会出现在编辑栏左侧的名称框中。

5. 单元格内容

单元格中可以存放字符、文本、数字、公式、日期等，如果是字符，还可以分段落。

6. 单元格区域（范围）

多个相邻的呈矩形状的一片单元格即为单元格区，区域名字由区域左上角的单元格名和右下角的单元格名中间加冒号 "：" 来表示。

例如：C5:F10 表示左上角 C5 单元格到右下角 F10 单元格的由 24 个单元格组成的矩形区域，如图 2.4 所示。

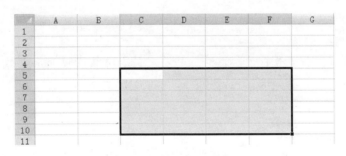

图 2.4　"C5:F10" 单元格区域

2.2.2　Excel 2007 工作簿的基本操作

1. 创建 Excel 工作簿

工作簿是用户使用 Excel 进行操作的主要对象和载体，运行 Excel 2007 后，会自动创建一个新的工作簿，这个工作簿在用户进行保存操作之前都存在于内存中，但没有实体文件存在。

用户还可以通过 "新建工作簿" 对话框来创建新的工作簿，即在功能区上单击 "Office 按钮" → "新建"，打开 "新建工作簿" 对话框，选择 "空白工作簿"

后单击右侧的"创建"按钮。

2. 保存 Excel 工作簿

工作簿经过保存才能成为磁盘空间的实体文件，用于以后的读取和编辑。培养良好的保存文件习惯，对于长时间进行表格操作的用户来说，具有特别意义。经常性的保存工作，可以避免很多由系统崩溃、停电故障等原因造成的损失。

在 Excel 2007 中常用的保存工作簿的方法有下述 3 种。

①单击"Office 按钮"→"保存"（或"另存为"）。

②在快速访问工具栏中单击"保存"按钮。

③使用"Ctrl+S"快捷键。

此外，经过编辑修改却未经保存的工作簿被关闭时会自动弹出警告信息，以询问用户是否要求保存，如图 2.5 所示，单击"是"按钮就可保存此工作簿。

图 2.5　关闭工作簿时询问是否保存对话框

注意事项：

　　"保存"和"另存为"是有区别的，对于新创建的工作簿而言，这两个命令的功能完全相同，但对于已经保存过的工作簿而言，两者是有所区别的。

　　"保存"命令是将修改后的内容直接保存在当前工作簿中。

　　"另存为"命令将打开"另存为"对话框，允许用户重新设置存放路径、命令和其他保存选项，以得到当前工作簿的一个副本。

3. 打开现有工作簿

当工作簿被保存后，即可在 Excel 2007 中再次打开该工作簿。打开现有工作簿的常用方法如下所述。

（1）直接通过文件打开

如果用户知道工作簿存储的具体位置，可以直接找到文件，双击文件图标即可打开。

（2）使用"打开"对话框

如果用户已经启动了 Excel 程序，可以通过执行"打开"命令，打开指定的工作簿。

①在功能区中依次单击"Office 按钮"→"打开"。

②使用"Ctrl+O"快捷键。

（3）通过历史记录打开

用户近期曾经打开过的工作簿文件通常情况下都会在 Excel 程序中留有历史记录。如果要打开最近曾经使用过的工作簿文件，也可以通过历史记录快速打开文件。

在 Excel 功能区中单击"Office 按钮"，就会列出曾经打开过的文件记录，默认显示最近 17 条记录。单击文件名，即可打开相应的工作簿。

注意事项：

Excel 新版本一般会兼容旧版本的文件，即新版本都可以打开旧版本的 Excel 文件。但是旧版本不一定能打开新版本的文件，故需要用户安装兼容包才能用低版本顺利打开高版本文件。

4. 关闭工作簿与退出 Excel 2007

当用户结束了 Excel 工作后，可以关闭工作簿，以释放计算机内存，常用方法如下所述。

①在功能区中依次单击"Office 按钮"→"关闭"。

②使用"Ctrl+W"快捷键。

③单击工作簿上的"关闭窗口"按钮。

以上方法关闭了当前工作簿，但是并没有退出 Excel 2007 程序。若要完全退出 Excel 2007，常用方法如下所述。

①在功能区依次单击"Office 按钮"→"退出"。

②使用"Alt+F4"快捷键。

③单击 Excel 2007 工作窗口按钮中的"关闭"按钮。

2.2.3　Excel 2007 工作表的基本操作

1. 创建 Excel 工作表

工作表的创建通常分为两种情况，一种是随着工作簿的创建而一同创建；另一种是从现有工作簿中创建新的工作表。

①在默认情况下，一个新的工作簿在创建时，就已经自动包含了 3 个名为 Sheet1、Sheet2、Sheet3 的工作表。

②从现有的工作簿中创建，基本方法有 3 种，如下所述。

在功能区的"开始"选项卡中单击"插入"下拉按钮，在扩展菜单中单击"插入工作表"命令，如图 2.6 所示，会在当前工作表之前插入新的工作表。

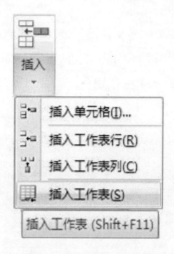

图 2.6 通过"插入工作表"创建新的工作表

在当前工作表标签上单击鼠标右键，在弹出的快捷菜单上选择"插入"，在弹出的"插入"对话框中选中"工作表"，再单击"确定"按钮。

单击工作表标签右侧的"插入工作表"按钮，可以在工作表末尾快速插入新的工作表，如图 2.7 所示。

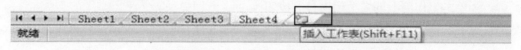

图 2.7 通过"插入工作表"标签创建新的工作表

注意事项：

新创建的工作表，依照现有工作表数目自动编号命名。

2.选定工作表

在用户的操作过程中，有时会需要同时选定多张工作表，选定工作表的常用操作有下述 3 种。

（1）选定相邻的工作表

首先单击选定第一张工作表标签，然后在按住"Shift"键的同时单击其相邻工作表标签即可。

（2）选定不相邻的工作表

首先单击选定第一张工作表标签，然后在按住"Ctrl"键的同时单击其他任意一张或依次单击多张工作表标签即可。

（3）选定工作簿中的所有工作表

右击任意一个工作表标签，在弹出的菜单中选择"选定全部工作表"即可。

3. 工作表的复制和移动

在使用 Excel 2007 进行数据处理时，经常会将描述同一事物相关特征的数据放在一个工作表中，而将相互之间具有某种联系的不同事物安排在不同的工作表或不同的工作簿中，这时就需要在工作簿内或工作簿间移动或复制工作表。

（1）在工作簿内移动或复制工作表

在同一工作簿内移动工作表的操作方法非常简单，只需选择要移动的工作表，然后沿工作表标签行拖动选定的工作表标签即可。

如果要在当前工作簿中复制工作表，需要在按住"Ctrl"键的同时拖动工作表，并在目的地释放鼠标，然后松开"Ctrl"键即可。

（2）在工作簿间移动或复制工作表

在工作簿间移动或复制工作表，也可以利用在工作簿内移动或复制工作表的方法来实现，不过会要求源工作簿和目标工作簿均打开。在"开始"选项卡下单击"单元格"区中的"格式"下拉按钮或在工作表标签上单击右键，打开"移动或复制工作表"对话框，在"工作簿"下拉列表框中可以选择目标工作簿，如图 2.8 所示。

图 2.8　"移动或复制工作表"对话框

4. 删除工作表

要删除一个工作表，首先单击工作表标签来选定该工作表，然后在"开始"选项卡的"单元格"组中单击"删除"按钮后的倒三角按钮，在弹出的快捷菜单中选择"删除工作表"命令，即可删除该工作表。

在要删除的工作表标签上单击右键，选择"删除"命令，也可实现删除工作表的操作，如图 2.9 所示。

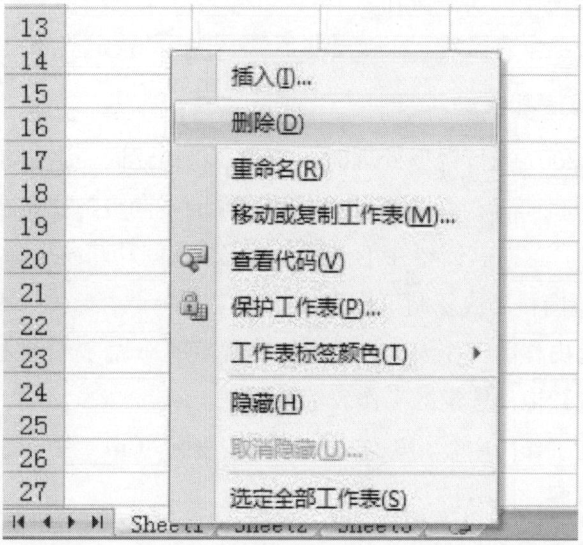

图 2.9　通过右键快捷方式删除工作表

注意事项：

　　删除工作表在 Excel 中是无法撤销的操作，如果不慎误删了工作表，将无法恢复。但在某些情况下，马上关闭工作簿，并选择不保存刚才所做的修改，能够有所挽回。

5. 重命名工作表

要改变工作表的名称，只需双击选中该工作表标签，这时工作表标签以反白显示，在其中输入新的名称并按下"Enter"键即可。

2.2.4　单元格与单元格区域、行与列的基本操作

在进行工作表内的输入与编辑等操作之前，用户应该先了解单元格与单元格

区域、行与列的基本操作。

1. 区域的选取

①单个单元格的选择：移动鼠标，将光标移动到需要选定的单元格上，光标变成"＋"形状，单击鼠标左键，即可选定单元格。

②连续区域的选择，其方法有两种，如下所述。

方法一：将光标定位在所选连续区域的左上角，按住鼠标左键并将其拖动至连续区域的右下角，然后释放鼠标即可。如果需要取消选定区域，在工作表中单击任意一个单元格即可。

方法二：选定区域左上角的单元格，按住"Shift"键，单击连续区域右下角的单元格即可完成。

③ 不相邻区域的选择：在按住"Ctrl"键的同时，做上述①、②的操作，即选择需要的单元格或单元格区域即可。

单元格与单元格区域的选定，如图 2.10 所示。

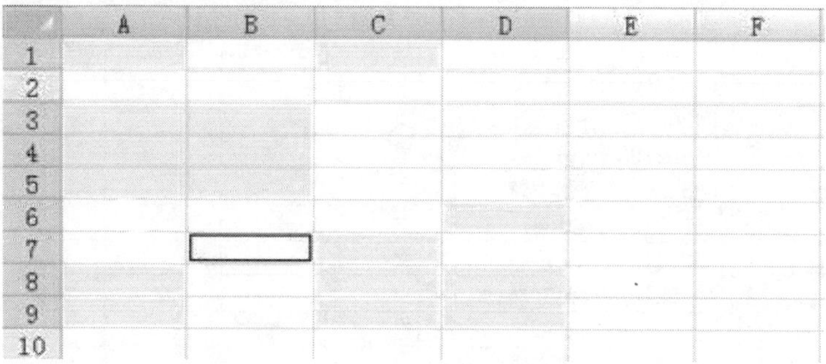

图 2.10　单元格与单元格区域的选定

2. 行的选择

将鼠标光标移动到需选定行的行号上，当鼠标光标变成"→"形状时，单击鼠标左键即可选定整行。

3. 列的选择

将鼠标光标移动到需选定列的列标上，当鼠标光标变成"↓"形状时，单击鼠标左键即可选定整列。

2.3　数据的输入与编辑

在 Excel 2007 中，最基本、最常用且最重要的操作就是数据处理。Excel 2007 提供了强大且人性化的数据处理功能，可以让用户轻松完成各项数据操作。本节将以创建"学生成绩表"为例，介绍数据处理中的常用操作。

2.3.1 输入数据

在 Excel 2007 中输入和保存的数字包括4种基本类型：数值、日期、文本和公式。

1. 输入文本数据

在 Excel 2007 中的文本通常是指字符或者任意数字和字符的组合。输入单元格内的任何字符集，只要不被系统解释成数字、公式、日期、时间或者逻辑值，则 Excel 2007 一律将其视为文本。在 Excel 2007 中输入文本时，系统默认的对齐方式是单元格内靠左对齐。

选择要输入文本数据的单元格，输入文本数据按"Enter"键即可，如图 2.11 所示。

图 2.11 单元格中输入文本数据

注意事项：

在 Excel 2007 中，以数字形式输入的数字首位的"0"会被默认清除，如需显示数字前面的"0"，可将单元格设置为文本形式。

图 2.11 中的学号"04302101"即为文本数据，为与数字数据区分开，以文本数据显示的数字其单元格左上角有一个三角形标志。

以文本形式存在的数字不能进行数值计算。

2. 输入数字数据

在 Excel 工作表中，数字型数据是最常见、最重要的数据类型。Excel 2007 强大的数据处理功能、数据库功能以及在企业财务、数学运算等方面的应用几乎都离不开数字型数据。输入单元格中的数字包含有 0 ～ 9、＋、－、（ ）、/、 、%、E、e 等。在 Excel 2007 中输入数字时，系统默认的对齐方式是单元格内靠右对齐，如图 2.12 所示。

	A	B	C	D	E	F	G	H
1	学生成绩表							
2	学号	姓名	性别	大学英语	计算机应用	高等数学	应用文写作	总分
3	04302101	杨妙琴	女	70	95	73	65	
4	04302102	周凤连	女	60	88	66	42	
5	04302103	白庆辉	男	46	78	79	71	
6	04302104	张小静	女	75	80	95	99	
7	04302105	郑敏	女	78	78	98	88	
8	04302106	文丽芬	女	93	78	43	69	
9	04302107	赵文静	女	96	85	31	65	
10	04302108	甘晓聪	男	36	99	71	53	
11	04302109	廖宇健	男	35	80	84	74	
12	04302110	曾美玲	女	缺考	90	35	67	
13	04302111	王艳平	女	47	99	79	98	
14	04302112	刘显森	男	96	87	74	86	
15	04302113	黄小惠	女	76	79	85	81	
16	04302114	黄斯华	女	94	60	94	47	

图 2.12　在单元格中输入的数字数据

Excel 对数字进行了规范，使得输入和实际不符，常见的如下所述。

①当用户在单元格中输入极大或极小值时，系统会自动在单元格中以科学记数法的形式来显示。

②输入大于 15 位有效数字的数值时（例如 18 位身份证号），Excel 会对原数值进行 15 位有效数字的自动截断处理，如果输入的数字是整数，则超过 15 位的数字补零。

③当用户输入以"0"开头的数值时，系统会将其识别为数值而将前置"0"清除。

④当用户输入末尾为"0"的小数时，系统会自动将非有效位数上的"0"清除，使之符合数值的规范显示。

对于上述第②、③种情况，如果用户需要以完整的形式输入数据，同时不需要进行数值计算，如身份证号、信用卡号等，可将数字转换为文本形式。在输入数字时，以"'"开始输入数据，系统会将数据自动识别为文本数据，并以文本形式保存和显示在单元格中，其中"'"不显示在单元格中，但会在编辑栏中显示。

3. 日期和时间的输入及识别

日期和时间属于一种特殊的数值类型，此类数据的输入以及 Excel 对输入内容的识别都有一些特别之处。

输入日期时，可以用"/"或"−"分隔日期的各部分；当输入时间时，可以用"："分隔时间各部分。现以单元格格式设置为"****年*月*日"的日期为例，见表2.2。

表 2.2　日期输入形式

单元格输入		Excel 识别为
2012−5−1	2012/5/1	2012 年 5 月 1 日
12−5−1	12/5/1	2012 年 5 月 1 日
78−3−6	78/3/6	1978 年 3 月 6 日
4−7	4/7	当前年份的 4 月 7 日

4. 制订输入数据类型

在 Excel 2007 中，可以控制单元格可接受数据的类型，以便有效地减少和避免输入数据的错误。比如可以在某个时间单元格中设置"有效条件"为"时间"，那么该单元格只接受时间格式的输入，如果输入其他字符，则会显示错误信息。

在"数据"选项卡的"数据工具"组中单击"数据有效性"按钮后的倒三角按钮，在弹出的快捷菜单中选择"数据有效性"命令，弹出"数据有效性"对话框。如图 2.13 所示，在"允许"下拉列表中选择要设置数据的类型。

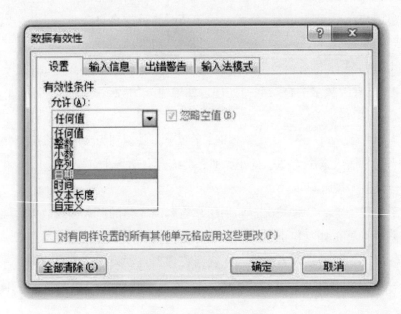

图 2.13　数据有效性对话框

2.3.2　删除和更改数据

如果在单元格中输入数据时发生了错误，或者要更改单元格中的数据时，则需要对数据进行编辑。用户可以方便地删除单元格中的内容，用全新的数据替换原数据，或者对数据进行一些细微的变动。

1. 删除单元格中的数据

要删除单元格中的数据，可以先选中该单元格，然后按"Del"键即可；要删除多个单元格中的数据，则可同时选定多个单元格，然后按"Del"键。

如果想要完全地控制对单元格的删除操作，仅使用"Del"键是不够的。在"开始"选项卡的"编辑"组中，单击"清除"按钮，在弹出的快捷菜单中选择相应的命令，即可删除单元格中的相应内容。

2. 更改单元格中的数据

在日常工作中，用户可能需要替换以前在单元格中输入的数据，要做到这一点非常容易。当单击单元格使其处于活动状态时，单元格中的数据会被自动选取，一旦开始输入，单元格中原来的数据就会被新输入的数据所取代。

如果单元格中包含大量的字符或复杂的公式，而用户只想修改其中的一部分，那么可以按下述两种方法进行编辑。

方法一：双击单元格，或者单击单元格后按"F2"键，在单元格中进行编辑。

方法二：单击激活单元格，然后单击公式栏，在公式栏中进行编辑。

2.3.3　复制与移动数据

在 Excel 2007 中，不但可以复制整个单元格，还可以复制单元格中的指定内容，也可通过单击粘贴区域右下角的"粘贴选项"来变换单元格中要粘贴的部分。

1. 使用菜单命令复制与移动数据

移动或复制单元格或区域数据的方法为：选中单元格数据后，在"开始"选项卡的"剪贴板"组中单击"复制"按钮或"剪切"按钮，然后单击要粘贴数据的位置并在"剪贴板"组中单击"粘贴"按钮，即可将单元格数据移动或复制到新位置。或者按与之相对应的快捷键"Ctrl+C"（复制）、"Ctrl+X"（剪切）、"Ctrl+V"（粘贴），也可以迅速快捷地复制和移动单元格中的数据。

2. 使用拖动法移动数据

在 Excel 2007 中，还可以使用鼠标拖动法来移动单元格内容。要移动单元格内容，应首先单击要移动的单元格或选定单元格区域，然后将光标移至单元格区域边缘，当光标变为箭头形状后，拖动光标到指定位置并释放鼠标即可。

3. 选择性粘贴

先选择并复制所需数据，然后选择需要粘贴的目标区域中的第一个单元格，在"开始"选项卡中单击"剪贴板"组中的"粘贴"按钮下方的下拉按钮，在弹出菜单中选择"选择性粘贴"命令，打开"选择性粘贴"对话框，设定好各选项后即可完成粘贴操作，如图 2.14 所示。

图 2.14 "选择性粘贴"对话框

2.3.4 自动填充

在 Excel 2007 中复制某个单元格的内容到一个或多个相邻的单元格中，使用复制和粘贴功能可以实现这一点。但是对于较多的单元格，使用自动填充功能可以更好地节约时间。另外，使用填充功能不仅可以复制数据，还可以按需要自动应用序列。

1. 在同一行或列中填充数据

在同一行或列中自动填充数据的方法很简单，只需选中包含填充数据的单元格区域，然后将光标移动到选中单元格区域黑色边框右下角的小黑色方块上，当光标变成"＋"填充柄时，用鼠标拖动填充柄，经过需要填充数据的单元格后释放鼠标即可。以输入数字 1 ~ 10 为例：

①在 A1 单元格输入"1"，A2 单元格输入"2"。

②选中 A1：A2 单元格区域，将鼠标移动到填充柄位置，出现"＋"后，如图 2.15 所示，按下鼠标左键向下拖动，直到 A10 单元格时松开鼠标左键。

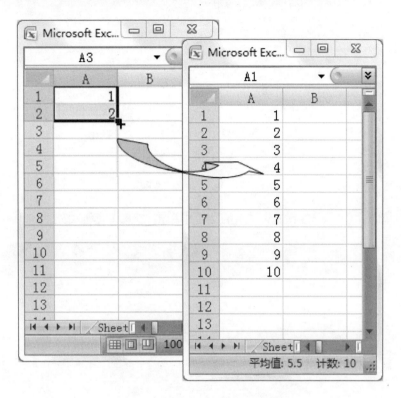

图 2.15　在"A1：A10"中自动填充数据

2. 填充一系列数字、日期或其他项目

在 Excel 2007 中，可以自动填充一系列的数字、日期或其他数据，比如在第一个单元格中输入了"一月"，那么使用自动填充功能，可以将其后的单元格自动填充为"二月""三月""四月"等。

3. 手动控制创建序列

在"开始"选项卡的"编辑"组中，单击"填充"按钮旁的倒三角按钮，在弹出的快捷菜单中选择"系列"命令，打开"序列"对话框。在"序列产生在""类型""日期单位"选项区域中选择需要的选项，然后在"预测趋势""步长值"和"终止值"等选项中进行选择，单击"确定"按钮即可，如图 2.16 所示。

4. 创建自定义填充序列

在 Excel 2007 中，用户还可以定义自己的序列，以便进行快速填充。操作方法如下所述。

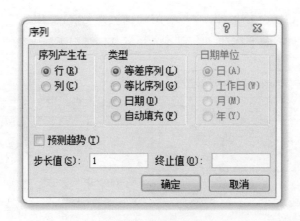

图 2.16　"序列"对话框

①单击"Office"按钮，从弹出的菜单中单击"Excel 选项"按钮，如图 2.17 所示。

图 2.17　"Office"按钮下拉菜单

②在出现的"Excel 选项"对话框中，单击左侧的"常用"选项，然后单击右侧的"编辑　自定义列表"按钮，即弹出"自定义序列"列表框。

③在"自定义序列"列表框中选择"新序列"选项。

④在右侧的"输入序列"文本框中输入自定义的序列表项（如：计算机02001班、计算机02002班、计算机02003班、计算机02004班）在每项末尾按"Enter"键进行分割，如图2.18所示。

图 2.18　创建自定义填充序列

⑤单击"添加"按钮，新定义的填充序列出现在"自定义序列"列表框中，单击"确定"按钮。

2.3.5　查找与替换

如果需要在工作表中查找一些特定的字符串，那么查看每个单元格就过于麻烦，特别是在一份较大的工作表或工作簿中。使用 Excel 提供的查找和替换功能可以方便地查找和替换需要的内容。

在使用"查找"与"替换"功能之前，必须先确定查找的目标范围。要在某一个区域中进行查找，则应先选取该区域；要在整个工作表或工作簿的范围内查找，则只能先选定工作表中的任意一个单元格。

在 Excel 中，"查找"与"替换"是位于同一个对话框中的不同选项卡。

1. 查找与某种格式匹配的单元格

在 Excel 中既可以查找出包含相同内容的所有单元格，也可以查找出与活动单元格中内容不匹配的单元格。

①依次单击"开始"选项卡→"查找与替换"按钮→"查找"，或按"Ctrl+F"快捷键，可以打开"查找与替换"对话框，并定位到"查找"选项卡，如图2.19所示。

图 2.19 "查找与替换"对话框中的查找选项卡

②在"查找内容"文本框中输入需要查找的内容，根据需求单击"查找全部"或"查找下一个"按钮。

2.替换文字或数字

查找文字或数字通常是为了改错或者成批替换，以便将某些内容替换为其他的内容。

①依次单击"开始"选项卡→"查找与替换"按钮→"查找"，或按"Ctrl+H"快捷键，可以打开"查找与替换"对话框，并定位到"替换"选项卡，如图 2.20 所示。

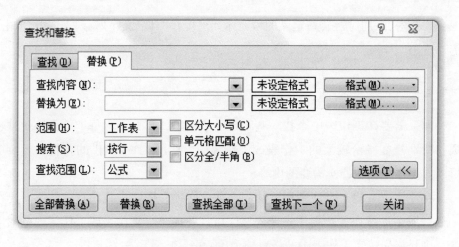

图 2.20 "查找与替换"对话框中的替换选项卡

②在"查找内容""替换为"文本框中输入需要查找及替换的内容，根据需求单击"全部替换"或"替换"按钮。单击"替换"按钮，仅完成当前查找到内容的替换工作。如只是完成部分内容的替换，则可先用"查找下一个"按钮找到需替换的内容，再单击"替换"按钮进行内容的替换。

2.4　格式化工作表

使用 Excel 2007 创建工作表后，还可以对工作表进行格式化操作，使其更加美观。Excel 2007 提供了丰富的格式化命令，利用这些命令可以具体设置工作表与单元格的格式，以帮助用户创建更加美观的工作表。

2.4.1　设置单元格格式

Excel 2007 提供了丰富的格式化命令和方法，以对工作表的布局和单元格数据进行格式化。用户可以根据需要设置不同的格式，如设置单元格数据类型、文本的对齐方式和字体、单元格的边框和图案等。

1. 设置单元格格式

在 Excel 2007 中，通常直接在"开始"选项卡或"浮动工具栏"中设置单元格的格式。如设置字体、对齐方式、数字格式等。其操作比较简单，选定要设置格式的单元格或单元格区域，单击"开始"选项卡中的相应按钮即可。对于比较复杂的格式化操作，则需要在"设置单元格格式"对话框中来完成，"设置单元格格式"对话框中包含"数字""对齐""字体""边框""填充""保护"6 个选项卡，如图 2.21 所示。

图 2.21　"设置单元格格式"对话框

打开"设置单元格格式"对话框的方法如下所述。

在"开始"选项卡中，单击"字体""对齐方式"或"数字"等命令组右下角的"对话框启动器按钮 ⌐ "，可直接打开"设置单元格格式"对话框。

2. 设置数字格式

在默认情况下，数字通常以常规格式显示。当用户在工作表中输入数字时，数字以整数、小数方式显示。此外，Excel 还提供了多种数字显示格式，如数值、货币、会计专用、日期格式以及科学记数等。在"开始"选项卡的"数字"组中，可以设置这些数字格式。若要详细设置数字格式，则需要在"设置单元格格式"对话框的"数字"选项卡中操作。

现以设置带两位小数的成绩总评为例，操作方法如下所述。

①选择要设置数字格式的单元格区域。

②在"设置单元格格式"对话框中选择"数字"选项卡。

③在"分类"列表框中选择"数值"选项。

④在"小数位数"后面选择"2"，如图 2.22 所示。

⑤单击"确定"按钮。

图 2.22　设置带两位小数的数字

3. 设置字体

为了使工作表中的某些数据醒目和突出，也为了使整个版面更为丰富，通常需要对不同的单元格设置不同的字体。单元格的字体格式包括字体、字号、颜色、背景图案等，其设置方式与 Word 的操作相同。要设置字体格式，首先要选择与之相对应的单元格或单元格区域，然后在"开始"选项卡的"字体"组中，使用相应的工具按钮可以完成简单的操作，也可在"设置单元格格式"对话框中选择"字体"选项卡进行设置。Excel 中文版的默认字体为"宋体"，字号为 11 号。

4. 设置对齐方式

所谓对齐，是指单元格中的内容在显示时相对单元格上、下、左、右的位置。在默认情况下，单元格中的文本靠左对齐，数字靠右对齐，逻辑值和错误值居中对齐。此外，Excel 2007 还允许用户为单元格中的内容设置其他对齐方式，如合并后居中、旋转单元格中的内容等。以"学生成绩表"为例，设置对齐方式步骤如下所述。

①将单元格 A1 中的"学生成绩表"设置为在 A1：H1 单元格区域居中。

选中单元格区域 A1：H1，在"开始"选项卡的"对齐方式"组中单击"合并后居中"按钮，此时单元格 A1 中的文字居中显示在 A1：H1 单元格区域中。

②将 A2：H16 单元格区域中的数据设置为水平、垂直方向居中对齐。

选中单元格区域 A2: H16，在"设置单元格格式"对话框中选择"对齐"选项卡，在"文本对齐方式"列表框中的"水平对齐""垂直对齐"下拉列表中分别选中"居中"对齐方式，单击"确定"按钮完成设置，如图 2.23 所示。

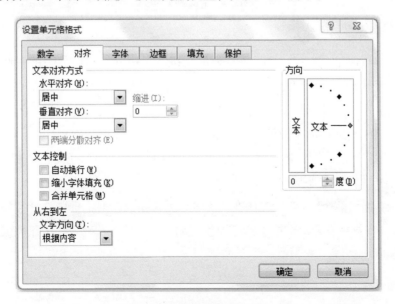

图 2.23　设置单元格内容居中对齐

③将单元格区域 D2：G2 中的数据设置自动换行。

当单元格内容长度超出单元格宽度时，可以在图 2.23 所示的“文本控制”列表框中勾选“自动换行”复选框，使文本内容分多行显示。

完成上述对齐方式后的“学生成绩表”如图 2.24 所示。

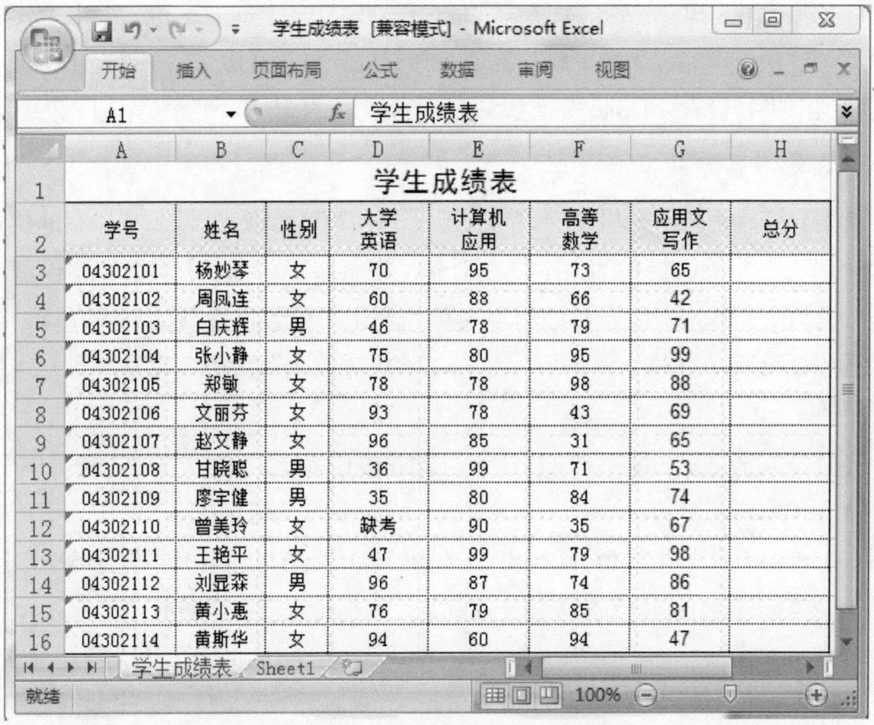

学号	姓名	性别	大学英语	计算机应用	高等数学	应用文写作	总分
04302101	杨妙琴	女	70	95	73	65	
04302102	周凤连	女	60	88	66	42	
04302103	白庆辉	男	46	78	79	71	
04302104	张小静	女	75	80	95	99	
04302105	郑敏	女	78	78	98	88	
04302106	文丽芬	女	93	78	43	69	
04302107	赵文静	女	96	85	31	65	
04302108	甘晓聪	男	36	99	71	53	
04302109	廖宇健	男	35	80	84	74	
04302110	曾美玲	女	缺考	90	35	67	
04302111	王艳平	女	47	99	79	98	
04302112	刘显森	男	96	87	74	86	
04302113	黄小惠	女	76	79	85	81	
04302114	黄斯华	女	94	60	94	47	

图 2.24 完成对齐方式设置的“学生成绩表”

5. 设置边框和底纹

在默认情况下，Excel 2007 并不为单元格设置边框，工作表中的框线在打印时并不显示出来。但在一般情况下，用户在打印工作表或突出显示某些单元格时，都需要添加一些边框以使工作表更美观和易阅读。应用底纹和应用边框一样，都是为了对工作表进行形象设计。使用底纹为特定的单元格加上色彩和图案，不仅可以突出显示重点内容，还可以美化工作表的外观。以图 2.24 所示“学生成绩表”为例，图中“学生成绩表”的边框与底纹的设置如下所述。

①选中单元格区域 A2：H2，在“设置单元格格式”对话框中选择“填充”选项卡，在“背景色”列表框中选择需要设置的颜色，单击“确定”按钮完成设置，如图 2.25 所示。

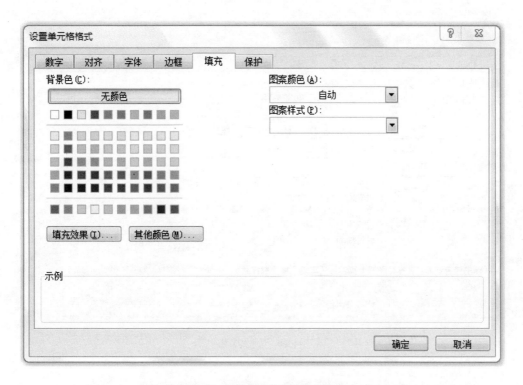

图 2.25　设置背景的"填充"选项卡

②选中单元格区域 A2：H16，单击"开始"选项卡中"字体"组的"设置边框"按钮 下拉按钮，在弹出的菜单栏中选择"外侧框线"选项，以此来设置表格外边框。

③打开"设置单元格格式"对话框，并定位在"边框"选项卡，在"线条"边框组中选择线形，在"预置"中单击"内部"，即可在下方预览到边框效果，如图 2.26 所示，单击"确定"按钮完成设置。

2.4.2　单元格的编辑

在编辑工作表的过程中，经常需要进行单元格、行和列的插入或删除等编辑操作，现介绍在工作表中插入与删除行、列和单元格的操作。

1. 插入行、列和单元格

插入行、列和单元格具体步骤如下所述。

①在工作表中选择要插入行、列或单元格的位置。

②在"开始"选项卡的"单元格"组中单击"插入"按钮旁的倒三角按钮，弹出如图 2.27 所示的菜单。

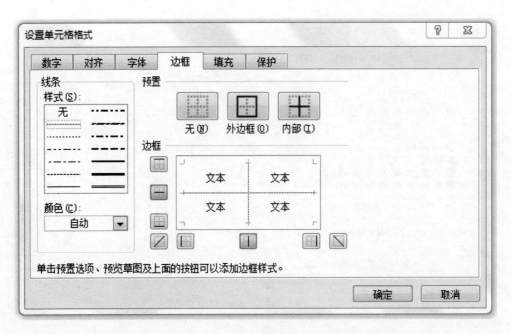

图 2.26 边框的设置

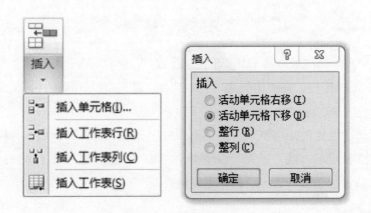

图 2.27 插入选项

③在菜单中选择相应命令即可插入行、列和单元格。其中选择"插入单元格"命令，将会打开"插入"对话框，如图 2.27 所示。在该对话框中可以设置插入单元格后如何移动原有的单元格。

2. 删除行、列和单元格

需要在当前工作表中删除某行（列）时，单击行号（列标），选择要删除的整行（列）。

在"单元格"组中单击"删除"按钮旁的倒三角按钮，在弹出的菜单中选择"删

除工作表行 (列) " 命令，如图 2.28 所示。被选择的行 (列) 将从工作表中消失，各行 (列) 自动上 (左) 移。

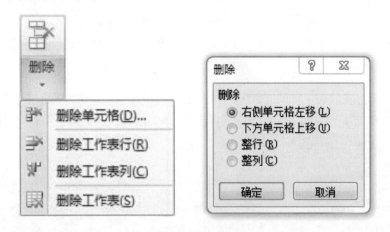

图 2.28　删除选项

3. 调整行高和列宽

在向单元格输入文字或数据时，经常会出现这样的现象：有的单元格中的文字只显示了一半；有的单元格中显示的是一串 "#" 符号，而在编辑栏中却能看见对应单元格的数据。出现这种现象的原因是单元格的宽度或高度不够，不能将其中的文字正确显示。故需对工作表中的单元格高度和宽度进行适当的调整。

①在 "单元格" 组中单击 "格式" 按钮旁的倒三角按钮，在弹出的菜单中选择 "列宽 | 行高" 命令，如图 2.29 所示。

②在弹出的 "列宽 | 行高" 对话框中对列宽和行高进行设置。

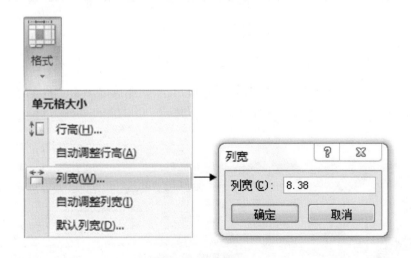

图 2.29　列宽的设置

2.4.3 使用条件格式

条件格式功能可以根据指定的公式或数值来确定搜索条件，然后将格式应用到符合搜索条件的选定单元格中，即当指定条件为真时，Excel 2007 自动设置单元格的格式，并突出显示要检查的动态数据，如使用不同的颜色表达不同的含义。

1.条件格式的使用

以"学生成绩表"为例，将小于 60 分的成绩特殊显示，具体操作步骤如下所述。

①选中单元格区域 D3：G16，在"开始"选项卡的"样式"组中，单击"条件格式"→"突出显示单元格规格"→"小于"，如图 2.30 所示。

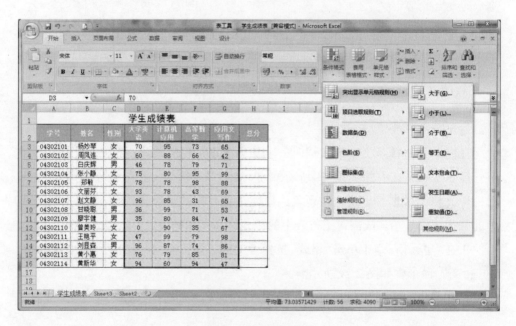

图 2.30　设置条件格式

②在出现的"小于"对话框中，设置数值为"60"，在"设置为"下拉列表中选择一种格式，如果默认的格式不符合要求，还可以单击"自定义格式"，根据用户需要进行自定义，如图 2.31 所示。

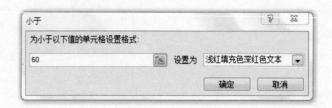

图 2.31　设置条件参数

③单击"确定"按钮，即可看到如图 2.32 所示效果。

学生成绩表

学号	姓名	性别	大学英语	计算机应用	高等数学	应用文写作	总分
04302101	杨妙琴	女	70	95	73	65	
04302102	周凤连	女	60	88	66	42	
04302103	白庆辉	男	46	78	79	71	
04302104	张小静	女	75	80	95	99	
04302105	郑敏	女	78	78	98	88	
04302106	文丽芬	女	93	78	43	69	
04302107	赵文静	女	96	85	31	65	
04302108	甘晓聪	男	36	99	71	53	
04302109	廖宇健	男	35	80	84	74	
04302110	曾美玲	女	缺考	90	35	67	
04302111	王艳平	女	47	99	79	98	
04302112	刘显森	男	96	87	74	86	
04302113	黄小惠	女	76	79	85	81	
04302114	黄斯华	女	94	60	94	47	

图 2.32　设置突显所有小于 60 分的成绩

2. 清除条件格式

如果想要清除已经设置的条件格式，方法为单击"开始"菜单→选择"样式"→"条件格式"→"清除规则"，即可将格式清除，如图 2.33 所示。

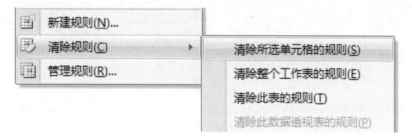

图 2.33　清除设置的条件格式

2.4.4　套用单元格样式

样式就是字体、字号和缩进等格式设置特性的组合，并将这一组合作为集合加以命名和存储。应用样式时，将同时应用该样式中所有的格式设置指令。

在 Excel 2007 中自带了多种单元格样式，可以对单元格方便地套用这些样式。同样，用户也可以自定义所需的单元格样式。

1. 套用内置单元格样式

如果要使用 Excel 2007 的内置单元格样式，可以先选中需要设置样式的单元格或单元格区域，然后在"开始"选项卡的"样式"组中，单击"单元格样式"，如图 2.34 所示，再对其应用内置的样式。

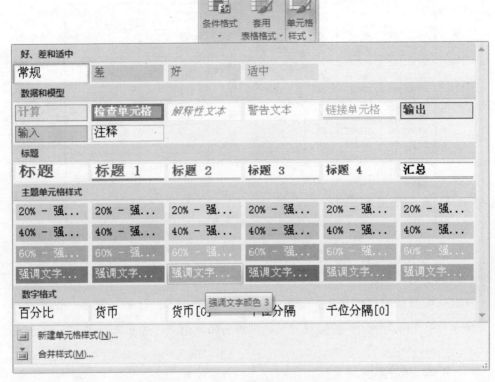

图 2.34　内置单元格样式的设置

2. 自定义单元格样式

除了套用内置的单元格样式外，用户还可以创建自定义的单元格样式，并将其应用到指定的单元格或单元格区域中，单击"新建单元格样式"，如图 2.35 所示。

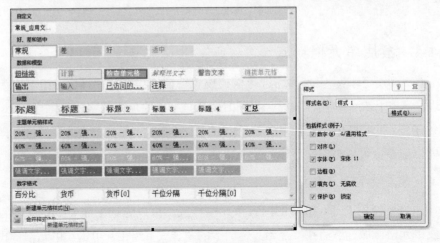

图 2.35　自定义单元格样式

3. 删除单元格样式

如果想要删除某个不再需要的单元格样式，可以在单元格样式菜单中将鼠标定位在需要删除的单元格样式上右击鼠标，在弹出的快捷菜单中选择"删除"命令即可，如图 2.36 所示。

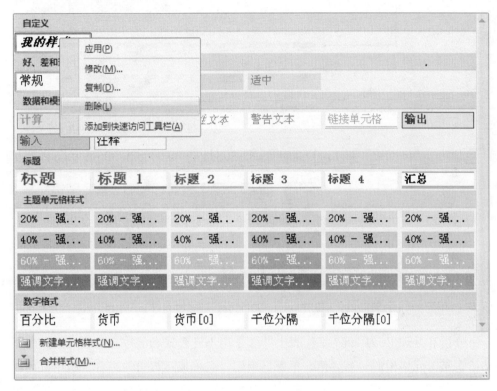

图 2.36　删除单元格样式

2.4.5　套用工作表样式

在 Excel 2007 中，除了可以套用单元格样式外，还可以整个套用工作表样式，以节省格式化工作表的时间。先选定需要设置的单元格区域，在"样式"组中，单击"套用表格格式"按钮，弹出工作表样式菜单，如图 2.37 所示，选择需要套用的样式即可。

如果想要删除套用的工作表样式，方法和删除单元格样式一致，可以在图 2.37 所示的菜单中，将鼠标定位在需要删除的工作表样式上右击鼠标，在弹出的快捷菜单中选择"删除"命令即可。

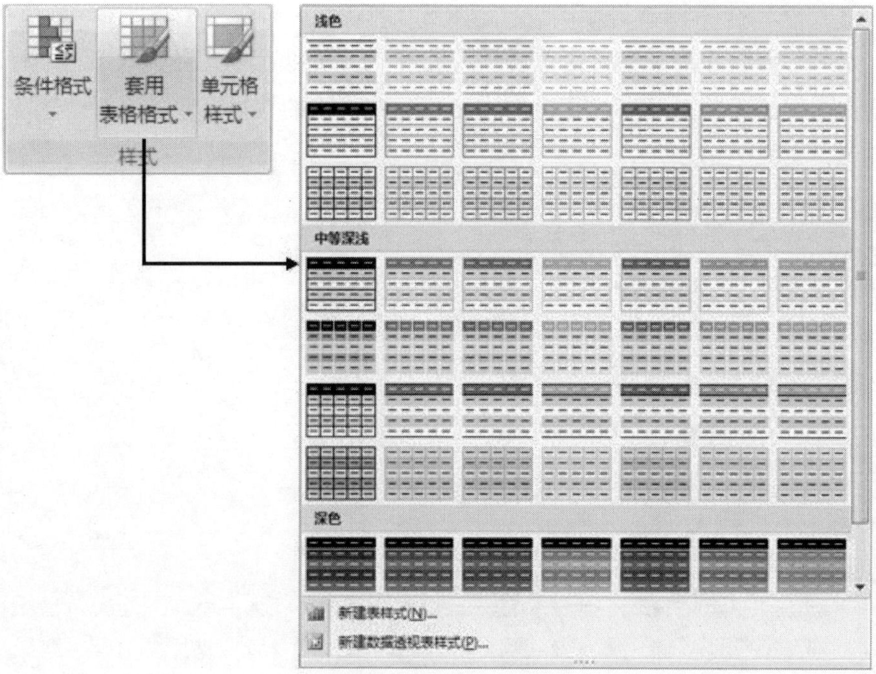

图 2.37　套用工作表样式

2.5　数据计算

　　分析和处理 Excel 2007 工作表中的数据离不开公式和函数。公式是函数的基础，它是单元格中的一系列值、单元格引用、名称或运算符的组合，利用其可以生成新的值。函数则是 Excel 预定义的内置公式，可以进行数学、文本、逻辑的运算或者查找工作表的信息。本节将详细介绍在 Excel 2007 中使用公式与函数进行数据计算的方法。

2.5.1　公式的运算符

　　在 Excel 2007 中，公式遵循一个特定的语法或次序：最前面的是等号"="，后面是参与计算的数据对象和运算符。每个数据对象可以是常量数值、单元格或引用的单元格区域、标志、名称等。运算符用来连接需要进行运算的数据对象，并说明进行了哪种公式运算，本小节将介绍公式运算符的类型与优先级。

　　1. 运算符的类型

　　运算符对公式中的元素进行特定类型的运算。Excel 2007 中包含了 4 种类型的运算符，见表 2.3。

表 2.3　运算符类型

运算符类型	运算符
算术运算符	+ 和 -、* 和 /、^（乘方）、%、-（负号）
比较运算符	=、<、>、<=、>=、<>
文本运算符	&
引用运算符	:（冒号）（单个空格）,（逗号）

2. 运算符优先级

如果公式中同时用到多个运算符，Excel 2007 将会按照运算符的优先级来依次完成运算。如果公式中包含相同优先级的运算符，例如公式中同时包含乘法和除法运算符，则 Excel 将从左到右进行计算。Excel 2007 中的运算符优先级见表 2.4。其中，运算符优先级从上到下依次降低。

表 2.4　运算符优先级

运算符	说明
:（冒号）（单个空格）,（逗号）	引用运算符
-	负号
%	百分比
^	乘幂
* 和 /	乘和除
+ 和 -	加和减
&	连接两个文本字符串
= < > <= >= <>	比较运算符

2.5.2　应用公式

在工作表中输入数据后，可通过 Excel 2007 中的公式对这些数据进行自动、精确、高速的运算处理。

1. 公式的组成要素

公式的组成要素为等号"="、运算符和常量、单元格引用、函数、名称等，具体见表 2.5。

表 2.5　公式的组成要素

公式	说明
=15*3+20*2	包含常量运算的公式
=A1*3+A2*2	包含单元格引用的公式
= 单价 * 数量	包含名称的公式
=SUM(A1*3，A2*2)	包含函数的公式

2. 公式的基本操作

在学习应用公式时，首先应掌握公式的基本操作，包括输入、修改、显示、复制以及删除等，如图 2.38 所示。

图 2.38 所示为"学生成绩表"中计算学生的成绩总分，输入公式的方法如下所述。

①单击要输入公式的单元格 H3 激活单元格，输入"="。

②在"="后输入公式表达式 D3+E3+F3+G3（D3、E3、F3、G3 分别为引用的需要计算数据所在的单元格）或依次选择要进行计算的单元格并用"+"连接。

③输入完成后，按"Enter"键或者单击编辑栏中的"输入"按钮，即可在单元格 H3 中显示学生"杨妙琴"的总成绩。

3. 引用公式

公式的引用就是对工作表中的一个或一组单元格进行标志，从而告诉公式使用哪些单元格的值。通过引用，可以在一个公式中使用工作表不同部分的数据，或者在几个公式中使用同一单元格的数值。在 Excel 2007 中，引用公式的常用方式包括下述内容。

（1）相对引用

相对引用包含了当前单元格与公式所在单元格的相对位置。默认设置下，Excel 2007 使用的都是相对引用，当改变公式所在单元格的位置时，引用也随之改变。如在 B2 单元格中输入公式：=A1，向右复制公式时，依次变为 =B1、=C1、=D1。

通过相对引用计算图 2.38 中其他学生的总分，其操作步骤如下所述。

①选定单元格 H3，其中的公式为"=D3+E3+F3+G3"，即已经计算出第一个学生的总分。

②将光标移至 H3 单元格右下角的填充柄，当鼠标指针变为"＋"形状时，按住左键并向下拖动到要复制公式的 H16 单元格。

③放开鼠标后，即可完成复制公式的操作，这些单元格中会显示相应的计算结果，如图 2.39 所示。

学生成绩表

学号	姓名	性别	大学英语	计算机应用	高等数学	应用文写作	总分
04302101	杨妙琴	女	70	95	73	65	303
04302102	周凤连	女	60	88	66	42	256
04302103	白庆辉	男	46	78	79	71	274
04302104	张小静	女	75	80	95	99	349
04302105	郑敏	女	78	78	98	88	342
04302106	文丽芬	女	93	78	43	69	283
04302107	赵文静	女	96	85	31	65	277
04302108	甘晓聪	男	36	99	71	53	259
04302109	廖宇健	男	35	80	84	74	273
04302110	曾美玲	女	缺考	90	35	67	#VALUE!
04302111	王艳平	女	47	99	79	98	323
04302112	刘显森	男	96	87	74	86	343
04302113	黄小惠	女	76	79	85	81	321
04302114	黄斯华	女	94	60	94	47	295

图 2.39　公式的相对引用计算出的学生成绩总分

注意事项：

在通常情况下，文本数据不参与数值的公式计算，因此案例中总分的计算出现了一个"出错值"。

（2）绝对引用

绝对引用是公式中单元格的精确地址，与包含公式的单元格的位置无关。它在列表和行号前分别加上美元符号 $。例如，$D$2 表示单元格 D2 的绝对引用，而 $D$2:$F$4 表示单元格区域 D2:F4 的绝对引用。

绝对引用和相对引用的区别是：如果公式中使用绝对引用，单元格引用不发生变化；如果公式中使用相对引用，单元格引用会自动随着移动的位置变化。

（3）混合引用

混合引用是指在一个单元格引用中同时有绝对引用和相对引用，即混合引用绝对列和相对行，或绝对行和相对列。绝对引用列采用 $A1、$C3 的形式，绝对应用行采用 D$2、F$4 形式。如果公式所在单元格的位置改变，则相对引用改变，而绝对引用不改变，如果多行或多列地复制公式，则相对引用自动调整，绝对引用不作调整。

2.5.3　应用函数

Excel 2007 将具有特定功能的一组公式组合在一起形成函数。与直接使用公式进行计算相比较，使用函数进行计算的速度更快，同时减少了错误的发生。函数通常由表示公式开始的"="、函数名称、左括号、以半角逗号相间的参数和右括号构成，结构为 = 函数名称（参数 1, 参数 2,…，参数 N），如"=SUM(A1:F10)"，表示对 A1:F10 单元格区域内所有数据求和。

1. 函数的基本操作

在介绍常用的函数应用前，本节先介绍函数的基本操作。在 Excel 2007 中，函数的基本操作主要有插入函数与嵌套函数等。

（1）插入函数

①在单元格中输入函数：此种方法与输入公式相同，即先输入一个"="作为先导符，再输入函数，然后按"Tab"或"Enter"键，或单击编辑栏中的"√"确认按钮结束输入。

②从对话框中输入函数。在单击选择要输入函数的单元格后，单击编辑栏中的插入函数按钮"f_x"或者单击"公式"选项卡中"函数库"组内的"插入函数"按钮，打开"插入函数"对话框，如图 2.40 所示。

若输入的函数存在于"选择函数"列表框中，则单击它后再单击"确定"按钮；若不在，则从"选择类别"下拉列表框中挑选函数类别，再从"选择函数"中挑选出函数。

③单元格的常用函数输入还可以通过"开始"选项卡中"编辑"组内的"Σ自动求和"下拉菜单中的对应选项来实现。

（2）嵌套函数

函数也可以是嵌套的，即一个函数是另一个函数的参数，例如："=IF(OR(RIGHTB(E2,1)= "1"，RIGHTB(E2,1)= "3"，RIGHTB(E2,1)= "5"，RIGHTB(E2,1)= "7"，RIGHTB(E2,1)= "9")，"男"，"女")"。其中公式中的 IF

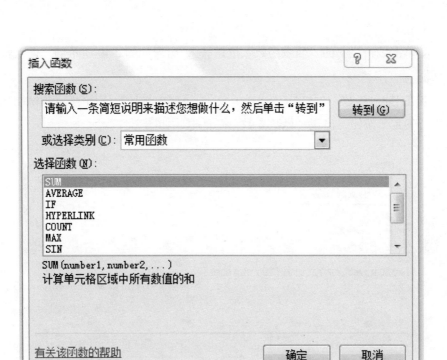

图 2.40 "插入函数"对话框

函数使用了嵌套的 RIGHTB 函数，并将后者返回的结果作为 IF 的逻辑判断依据。

2. 常用函数

Excel 2007 中包括 7 种类型的上百个具体函数，每个函数的应用各不相同。下面对几种常用的函数进行介绍，见表 2.6。

表 2.6 常用函数介绍

常用函数	函数名	功 能
平均值函数	AVERAGE（计算区域）	求出计算区域中所有数值的平均值
统计函数	COUNT（计算区域）	求出计算区域中所有数字数据的个数
最大值函数	MAX（计算区域）	求出计算区域中所有数值中的最大值
最小值函数	MIN（计算区域）	求出计算区域中所有数值中的最小值
求和函数	SUM（计算区域）	求出计算区域中所有数值之和
四舍五入函数	ROUND（单元格，保留小数位数）	对该单元格中的数字按要求保留小数位数，进行四舍五入
条件函数	IF(条件表达式,值1,值2)	当条件表达式为真时返回值1，否则返回值2

3. 常用函数应用举例

以"学生成绩表"为例，求出每位学生的平均分，操作步骤如下所述。

①选定要插入函数的单元格 I3。

②单击编辑栏上的"插入函数"按钮 f_x ，出现如图 2.40 所示的"插入函数"对话框。

③在"插入函数"对话框的"选择函数"列表框中选择要使用的 AVERAGE 函数，单击"确定"按钮，出现"函数参数"对话框，如图 2.41 所示。

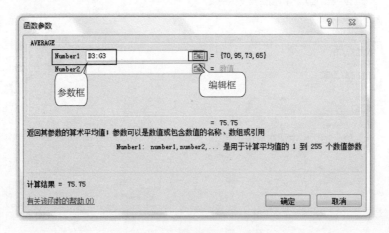

图 2.41 "函数参数"对话框

④在"参数框"中输入数值、单元格引用或区域，或用鼠标单击"编辑框"，然后使用鼠标选定要引用的单元格区域，单击"确定"按钮，完成操作，结果如图 2.42 所示。

	A	B	C	D	E	F	G	H	I
1	学生成绩表								
2	学号	姓名	性别	大学英语	计算机应用	高等数学	应用文写作	总分	平均分
3	04302101	杨妙琴	女	70	95	73	65	233	75.75
4	04302102	周凤连	女	60	88	66	42	196	64
5	04302103	白庆辉	男	46	78	79	71	228	68.5
6	04302104	张小静	女	75	80	95	99	274	87.25
7	04302105	郑敏	女	78	80	98	88	264	85.5
8	04302106	文丽芬	女	93	85	43	69	190	70.75
9	04302107	赵文静	女	96	85	31	65	181	69.25
10	04302108	甘晓聪	男	36	99	71	53	223	64.75
11	04302109	廖宇健	男	35	80	84	74	238	68.25
12	04302110	曾美玲	女	0	90	35	67	192	48
13	04302111	王艳平	女	47	99	79	98	276	80.75
14	04302112	刘显森	男	96	87	74	86	247	85.75
15	04302113	黄小惠	女	76	79	85	81	245	80.25
16	04302114	黄斯华	女	94	60	94	47	201	73.75

图 2.42 使用函数计算学生成绩平均分

2.6　管理表格中的数据

Excel 2007 与其他的数据管理软件一样，拥有强大的排序、检索和汇总等数据管理方面的功能。Excel 2007 不仅能够通过记录单来增加、删除和移动数据，而且能够对数据清单进行排序、筛选、汇总等操作。

1.数据清单

数据清单是指包含一组相关数据的一系列工作表数据行。Excel 2007 在对数据清单进行管理时，一般将数据清单看成一个数据库。数据清单中的行相当于数据库中的记录，行标题相当于记录名。数据清单中的列相当于数据库中的字段，列标题相当于数据序中的字段名。

2.数据排序

数据排序是指按一定规则对数据进行整理、排列，这样可以为数据的进一步处理作好准备。Excel 2007 提供了多种方法对数据清单进行排序，可以按升序、降序的方式，也可以由用户自定义排序。

2.6.1　对数据清单排序

对 Excel 2007 中的数据清单进行排序时，如果按照单列的内容进行"升序"或者"降序"排序，可以直接在"开始"选项卡的"编辑"组中完成排序操作。如果要对多列内容排序，则需要在"数据"选项卡中的"排序和筛选"组中进行操作。

以对"学生成绩表"中的"大学英语"成绩进行排序为例，操作步骤如下所述。

①在要排序的列中选定任意一个单元格 D5。

②要按升序进行排序，请单击"数据"选项卡中的"排序和筛选"组中的"升序"按钮，如图 2.43 所示；要按降序进行排序，则单击"升序"按钮下方的"降序"按钮，完成升序排序的结果如图 2.44 所示。

图 2.43　"升序"按钮

	A	B	C	D	E	F	G	H	I
1					学生成绩表				
2	学号	姓名	性别	大学英语	计算机应用	高等数学	应用文写作	总分	平均分
3	04302110	曾美玲	女	0	90	35	67	192	48
4	04302109	廖宇健	男	35	80	84	74	238	68.25
5	04302108	甘晓聪	男	36	99	71	53	223	64.75
6	04302103	白庆辉	男	46	78	79	71	228	68.5
7	04302111	王艳平	女	47	99	79	98	276	80.75
8	04302102	周凤连	女	60	88	66	42	196	64
9	04302101	杨妙琴	女	70	95	73	65	233	75.75
10	04302104	张小静	女	75	80	95	99	274	87.25
11	04302113	黄小惠	女	76	79	85	81	245	80.25
12	04302105	郑敏	女	78	78	98	88	264	85.5
13	04302106	文丽芬	女	93	78	43	69	190	70.75
14	04302114	黄斯华	女	94	60	94	47	201	73.75
15	04302107	赵文静	女	96	85	31	65	181	69.25
16	04302112	刘显森	男	96	87	74	86	247	85.75

图 2.44 "大学英语"成绩完成升序排序

2.6.2 数据的高级排序

数据的高级排序是指按照多个条件对数据清单进行排序，这是针对简单排序后仍然有相同数据的情况进行的一种排序方式，操作方法如下所述。

①选定数据清单中任意一个单元格。

②单击"数据"选项卡中的"排序和筛选"组中的"排序"按钮，出现"排序"对话框，如图 2.45 所示。

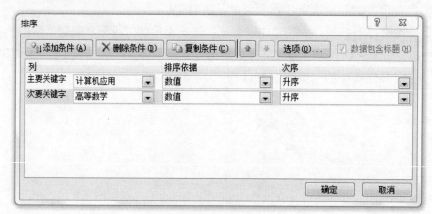

图 2.45 "排序"对话框

③单击"添加条件"按钮，在下拉列表框中选择要排序的"主要关键字""排列依据""次序"，如选择"计算机应用""数值""升序"。

④如果还需要次要关键字，继续单击"添加条件"按钮，指定"次要关键字""排列依据""次序"，如选择"高等数学""数值""升序"，单击"确定"按钮完成设置。

2.6.3 数据筛选

数据清单创建完成后，对它进行的操作通常是从中查找和分析具备特定条件的记录，而筛选就是一种用于查找数据清单中数据的快速方法。经过筛选后的数据清单只显示包含指定条件的数据行，以供用户浏览、分析。

1. 自动筛选

自动筛选为用户提供了在具有大量记录的数据清单中快速查找符合某种条件记录的功能。使用自动筛选功能筛选记录时，字段名称将变成一个下拉列表框的框名，具体操作步骤如下所述。

①选定数据清单中任意一个单元格。

②单击"数据"选项卡中的"排序和筛选"组中的"筛选"按钮，此时，在每个列标题的右侧出现一个向下箭头。

③单击要查找列的向下箭头，其中列出了该列中的所有项目。

④从下拉菜单中选择需要显示项目前的复选框，然后单击"确定"按钮，如图 2.46 所示。

图 2.46 自动筛选操作

2. 自定义筛选

使用 Excel 2007 中自带的筛选条件，可以快速完成对数据清单的筛选操作。但是当自带的筛选条件无法满足需要时，也可以根据需要自定义筛选条件。以对"学生成绩表"中"计算机应用"课程筛选出大于 60 分小于 90 分的成绩为例，操作步骤如下所述。

①单击包含想筛选的数据列中的向下箭头，从下拉菜单中选择"数据筛选"→"介于"命令，如图 2.47 所示，出现"自定义自动筛选方式"对话框，如图 2.48 所示。

图 2.47　自定义筛选

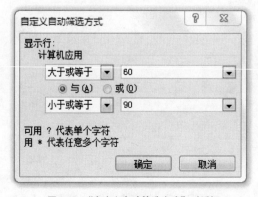

图 2.48　"自定义自动筛选方式"对话框

②在"显示行：计算机应用"列表框的"大于或等于"右侧的文本框中输入值"60"。

③如果要定义两个筛选条件，并且要同时满足，则单击"与"单选按钮。

④在"小于或等于"右侧的文本框中输入值"90"。

⑤单击"确定"按钮，即可显示符合条件的记录。

3. 数据的高级筛选

如果工作表中字段比较多，筛选的条件也比较复杂，自定义筛选将十分烦琐，这种情况可以使用高级筛选功能来处理。

使用高级筛选功能，必须先建立一个条件区域，用来指定筛选的数据所需满足的条件。条件区域的第一行是所有作为筛选条件的字段名，这些字段名与数据清单中的字段名必须完全一样。在字段下面输入筛选条件，如图 2.49 所示。然后在"数据"选项卡中单击"排序和筛选"组中的"高级"按钮，打开如图 2.50 所示的"高级筛选"对话框，设置所需条件，即可进行高级筛选。

	A	B	G	H
1	学生成绩表			
2	学号	姓名	应用文写作	总分
3	04302110	曾美玲	67	192
4	04302109	廖宇健	74	238
5	04302108	甘晓聪	53	223
6	04302103	白庆辉	71	228
7	04302111	王艳平	98	276
8	04302102	周凤连	42	196
9	04302101	杨妙琴	65	233
10	04302104	张小静	99	274
11	04302113	黄小惠	81	245
12	04302105	郑敏	88	264
13	04302106	文丽芬	69	190
14	04302114	黄斯华	47	201
15	04302107	赵文静	65	181
16	04302112	刘显森	86	247
17				
18			应用文写作	
19			>80	

图 2.49　设置高级筛选条件

图 2.50　"高级筛选"对话框

2.6.4　分类汇总

分类汇总是对数据清单进行数据分析的一种方法。分类汇总对数据库中指定的字段进行分类，然后统计同一类记录的有关信息。统计的内容可以由用户指定，也可以统计同一类记录的记录条数，还可以对某些数值段求和、求平均值、求极值等。

1. 创建分类汇总

Excel 2007 可以在数据清单中自动计算分类汇总及总计值。用户只需指定需要进行分类汇总的数据项、待汇总的数值和用于计算的函数（例如"求和"函数）即可。如果要使用自动分类汇总，工作表必须组织成具有列标志的数据清单，且列标志必须在第一行。在创建分类汇总之前，用户必须先根据需要进行分类汇总的数据列对数据清单排序。

在"数据"选项卡中单击"分级显示"组中的"分类汇总"按钮，打开"分类汇总"对话框，从中指定分类字段、汇总方式以及其他选项，并在"选定汇总项"列表框中选定汇总项即可，如图 2.51 所示。

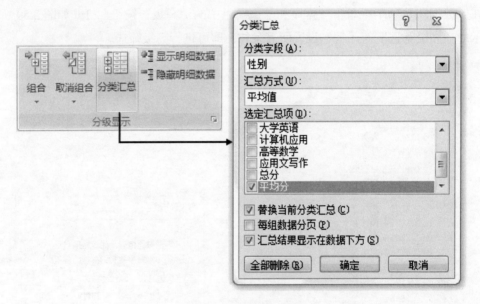

图 2.51　"分类汇总"对话框

以学生成绩表中男、女成绩平均分汇总为例，进行如图 2.51 所示的设置后，在"分类汇总"对话框中，指定"分类字段"为"性别""汇总方式"为平均值，"选定汇总项"为平均分，汇总结果如图 2.52 所示。

2. 分级显示

在介绍分类汇总操作时，已经使用了 Excel 2007 中的分级显示功能。使用该功能可以将某个范围的单元格关联起来，并可以将其折叠或展开。

1 2 3		A	B	C	D	E	F	G	H	I
	1	学号	姓名	性别	大学英语	计算机应用	高等数学	应用文写作	总分	平均分
	2	04302109	廖宇健	男	35	80	84	74	238	68.25
	3	04302108	甘晓聪	男	36	99	71	53	223	64.75
	4	04302103	白庆辉	男	46	78	79	71	228	68.5
	5	04302112	刘显森	男	96	87	74	86	247	85.75
	6			男 平均值						71.8125
	7	04302110	曾美玲	女	0	90	35	67	192	48
	8	04302111	王艳平	女	47	99	79	98	276	80.75
	9	04302102	周凤连	女	60	88	66	42	196	64
	10	04302101	杨妙琴	女	70	95	73	65	233	75.75
	11	04302104	张小静	女	75	80	95	99	274	87.25
	12	04302113	黄小惠	女	76	79	85	81	245	80.25
	13	04302105	郑敏	女	78	78	98	88	264	85.5
	14	04302106	文丽芬	女	93	78	43	69	190	70.75
	15	04302114	黄斯华	女	94	60	94	47	201	73.75
	16	04302107	赵文静	女	96	85	31	65	181	69.25
	17			女 平均值						73.525
	18			总计平均值						73.03571

图 2.52　分类汇总结果

具体操作方式为通过左侧的数字 1、2、3 来进行分级显示，或通过 "✚" "➖" 符号来进行折叠与展开操作，如图 2.53 所示。

1 2 3		A	B	C	D	E	F
	1	学号	姓名	性别	大学英语	计算机应用	高等数学
	6			男 平均值			
	7	04302110	曾美玲	女	0	90	35
	8	04302111	王艳平	女	47	99	79
	9	04302102	周凤连	女	60	88	66
	10	04302101	杨妙琴	女	70	95	73
	11	04302104	张小静	女	75	80	95
	12	04302113	黄小惠	女	76	79	85
	13	04302105	郑敏	女	78	78	98
	14	04302106	文丽芬	女	93	78	43
	15	04302114	黄斯华	女	94	60	94
	16	04302107	赵文静	女	96	85	31
	17			女 平均值			
	18			总计平均值			

图 2.53　分级显示

2.7　统计图表

使用 Excel 2007 对工作表中的数据进行计算、统计等操作后，得到的计算和统计结果还不能很好地显示出数据的发展趋势或分布状况。为了解决这一问题，

Excel 2007 将处理的数据建成各种统计图表，这样就能更直观地表现所处理的数据。在 Excel 2007 中，用户可以轻松地完成各种图表的创建、编辑和修改工作。

2.7.1 图表的应用

为了能更加直观地表达工作表中的数据，可将数据以图表的形式表示。通过图表可以清楚地了解各个数据的大小以及数据的变化情况，方便对数据进行对比和分析。Excel 自带各种各样的图表，如柱形图、折线图、饼图、条形图、面积图、散点图等，各种图表各有优点，适用于不同的情况。

2.7.2 图表的基本组成

在 Excel 2007 中，有两种类型的图表，一种是嵌入式图表，另一种是图表工作表。嵌入式图表就是将图表看成一个图形对象，并作为工作表的一部分进行保存；图表工作表是工作簿中具有特定工作表名称的独立工作表。在需要独立于工作表数据查看或编辑大而复杂的图表或节省工作表上的屏幕空间时，就可以使用图表工作表，如图 2.54 所示。

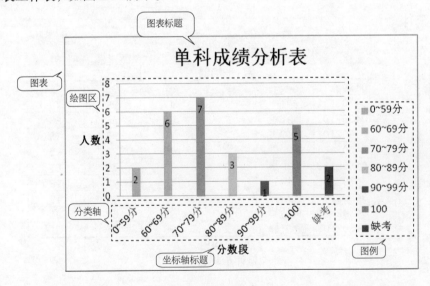

图 2.54　学生单科成绩分析表

2.7.3 创建图表

使用 Excel 2007 提供的图表向导，可以方便、快速地建立一个标准类型或自定义类型的图表。在图表创建完成后，仍然可以修改其各种属性，以使整个图表更趋于完善。

以"学生成绩表"中的总分质量分析为例，创建图表步骤如下所述。

①在"学生成绩表"中选定要创建图表的区域 A23：B29。

②单击"插入"选项卡→"图表"组中的"饼图"按钮，在弹出的菜单栏中单击"三维饼图"栏中的"分离型三维饼图"，创建完成后的学生"考试质量分析表"如图 2.55 所示。

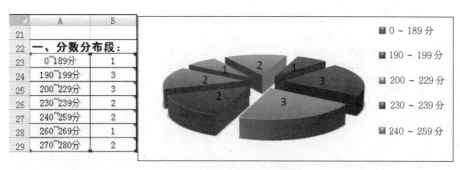

图 2.55　"考试质量分析表"饼图

2.7.4　设置图表布局

选定图表后，在"视图"选项卡后面会自动出现 3 个"图表工具"选项卡，分别为"设计""布局""格式"。其中"布局"选项卡中可以完成设置图表的标签、坐标轴、背景等操作，还可以为图表添加趋势线，如图 2.56 所示。

图 2.56　"布局"选项卡

图表类型不同，所对应的可设置内容也会有所不同，例如在柱形图类型图表中可以设置"布局"选项卡"坐标轴"功能区坐标轴的样式、刻度等属性，还可以设置图表中的网格线属性，饼图中则不能设置上述属性。

在"布局"选项卡的"标签"组中，可以设置图表标题、坐标轴标题、图例、数据标签以及数据表等相关属性。

以为上述饼图添加一个标题为例，具体操作步骤如下所述。

①在上述饼图空白位置单击鼠标，选中图表。

②单击"图表工具"中"布局"选项卡上的"图表标题"按钮，从弹出的下拉列表中选择一种放置标题的方式。

③选择"其他标题选项",打开"设置图表标题格式"对话框,还可以为标题设置格式,如图 2.57 所示。

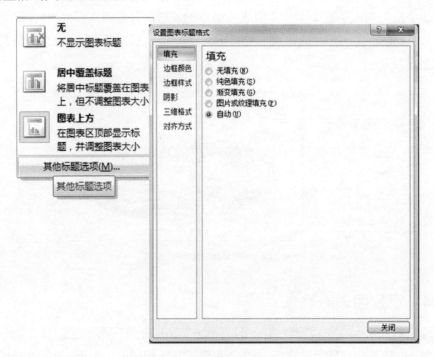

图 2.57 "设置图表标题格式"对话框

④单击激活插入的标题文本框,输入图表标题,结果如图 2.58 所示。

图 2.58 添加标题后的图表

2.7.5 修改图表

如果已经创建好的图表不符合用户要求,可以对其进行编辑。例如,更改图表类型、调整图表位置、在图表中添加和删除数据系列、设置图表的图案、改变图表的字体、改变数值坐标轴的刻度和设置图表中数字的格式等。

1. 更改图表类型

若图表的类型无法确切地展现工作表数据所包含的信息，如使用圆柱图来表现数据的走势等，此时就需要更改图表类型。将上述"学生成绩表"的饼图修改为柱形图的具体操作步骤如下所述。

①在上述饼图空白位置单击鼠标，选定该图表。

②单击"图表工具"中"设计"选项卡上的"更改图表类型"按钮，出现"更改图表类型"对话框。

③在"图表类型"列表框中选择柱形图类型，再从右侧选择所需的子图表类型。

④单击"确定"按钮，结果如图 2.59 所示。

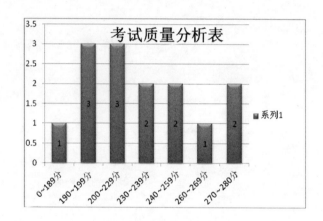

图 2.59　更改图表类型后的效果

2. 移动图表位置

在 Excel 2007 的图表中，图表区、绘图区以及图例等组成部分的位置都不是固定不变的，可以拖动它们的位置，以便让图表更加美观与合理，其方法为直接使用鼠标拖放。

3. 调整图表大小

在 Excel 2007 中，除了可以移动图表的位置外，还可以调整图表的大小。用户可以调整整个图表的大小，也可以单独调整图表中的某个组成部分的大小，如绘图区、图例等。以绘图区为例，具体方法如下所述。

①单击"绘图区"空白位置，选中"绘图区"，在"绘图区"的边框上会显示 8 个控制点。

②将光标定位在任意控制点上，当光标变成双向箭头时，拖放鼠标，即可实现"绘图区"大小的调整。

4. 修改图表中的文字格式

若对创建图表时默认使用的文字格式不满意，则可以重新设置文字格式，如可以改变文字的字体和大小，还可以设置文字的对齐方式和旋转方向等。

修改文字格式的方法有两种，一种是使用"开始"选项卡中的"字体"组和"对齐方式"组中的命令，设置文字的字体、大小、颜色、对齐方式等；另一种是使用"图表工具"中"格式"选项卡的"艺术字样式"组来设置文字的特殊效果。以"艺术字样式"为例，设置"考试质量分析表"样式，具体操作步骤如下所述。

①选中要设置的文字"考试质量分析表"，单击"艺术字样式"下拉按钮，打开"艺术字样式"库，在20种艺术字样式中任选一种，将艺术字样式应用到图表中，如图2.60所示。

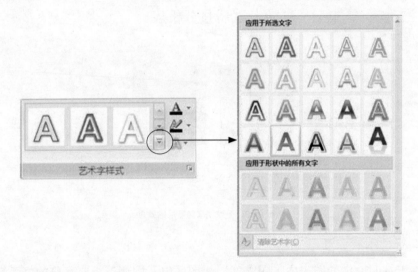

图2.60　"艺术字样式"库

②单击"艺术字样式"组中的"文本填充""文本轮廓"或"文本效果"按钮，可以分别设置艺术字样式，如选择"文本效果"→"映像"预设样式中的一种，应用到文字中的效果如图2.61所示。

图2.61　设置效果后的文字

2.8　管理工作表与工作簿

在利用 Excel 进行数据处理的过程中，经常需要对工作簿和工作表进行适当的处理，以及设置保护重要的工作表或工作簿等。本节将对管理工作簿和工作表的方法进行介绍。

2.8.1　查看工作簿窗口

Excel 2007 是一个支持多文档界面的标准应用软件，在其中可以打开多个工作簿，对于打开的每一个工作簿可以单独设置显示方式（最大化、最小化和正常窗口）。如果所有工作簿窗口均处于正常状态，则可以将这些窗口水平排列、垂直排列或层叠式排列。

1. 工作簿视图

在 Excel 2007 中，用户可以调整工作簿的显示方式。打开"视图"选项卡，然后可在"工作簿视图"组中选择视图模式，视图模式共分为"普通""页面布局""分页预览""自定义试图"和"全屏显示"5 种，如图 2.62 所示。

图 2.62　"工作簿视图"组中的视图模式

"页面布局"视图模式可以看到页眉页脚，"分页预览"视图模式可以对页面内容进行灵活分页。

2. 并排查看同一个工作簿中的两个工作表

在 Excel 2007 中，对于同一个工作簿中的不同工作表，可以在 Excel 窗口中同时显示，并可以进行并排比较，现以学生成绩表为例进行介绍。

①在"视图"选项卡上的"窗口"组中，单击"新建窗口"，如图 2.63 所示，此时会产生"学生成绩表：1""学生成绩表：2"两个兼容模式工作簿。

②在"视图"选项卡上的"窗口"组中，单击"并排查看" 按钮。

③在工作簿窗口中，单击要比较的工作表。

④要同时滚动两个工作表，请单击"视图"选项卡上"窗口"组中的"同步滚动" 按钮。

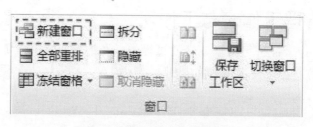

图 2.63　"窗口"组中的新建窗口

注意事项：

"同步滚动"选项仅当"并排查看"打开时才可用。

3. 并排查看不同工作簿中的两个工作表

①打开包含要比较的工作表的两个工作簿。

②在"视图"选项卡上的"窗口"组中，单击"并排查看" ▯▯ 按钮。

③如果打开了两个以上工作簿，Excel 会显示"并排比较"对话框。在此对话框中的"并排比较"列表框中，单击包含要使之与活动工作表进行比较的工作表的工作簿，然后单击"确定"按钮，如图 2.64 所示。

图 2.64　"并排比较"列表框

⑤在每个工作簿窗口中，单击要比较的工作表。

⑥要同时滚动两个工作表，单击"视图"选项卡上"窗口"组中的"同步滚动" 按钮。

4. 同时显示多个工作簿

①打开要同时显示的多个工作簿。

②单击在"视图"选项卡的"窗口"组中的"全部重排"，打开"重排窗口"

对话框，如图 2.65 所示。

图 2.65　"重排窗口"对话框

③在"重排窗口"对话框中选择排列方式，单击"确定"按钮。

2.8.2　拆分与冻结窗口

1. 拆分窗口

如果要独立地显示并滚动工作表中的不同部分，可以使用拆分窗口功能。拆分窗口步骤如下所述。

①选定要拆分的某一单元格位置，如图 2.66 所示的 B10 单元格。

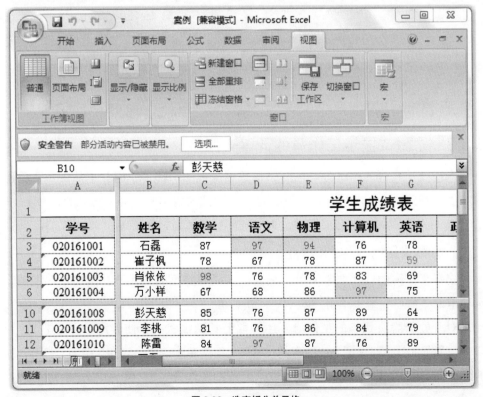

图 2.66　选定拆分单元格

②在"视图"选项卡的"窗口"组中单击"拆分"按钮，这时 Excel 在选定单元格处自动将工作表拆分为 4 个独立的窗格。可以通过鼠标移动工作表上出现的拆分框，以调整各窗格的大小。

2. 冻结窗口

如果要在工作表滚动时保持行列标志或其他数据可见，可以通过冻结窗口功能来固定显示窗口的顶部和左侧区域。

①选定要冻结的某一单元格位置。

②在"视图"选项卡的"窗口"组中单击"冻结窗口"下拉按钮，在弹出的下拉列表中选择"冻结拆分窗口"或其他选项，如图 2.67 所示，即可完成窗口冻结。

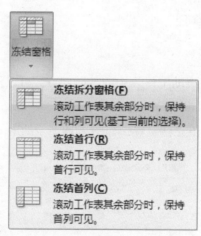

图 2.67 冻结窗口的设置

2.8.3 隐藏或显示工作簿的元素

当隐藏工作簿的一部分时，可以将数据从视图中移走，但并不从工作簿中删除。保存并关闭工作簿后，再次打开它时，隐藏的数据仍然会是隐藏的。在 Excel 2007 中可以隐藏的元素有工作簿、工作表、行列和窗口元素等。

1. 隐藏或显示工作簿

隐藏工作簿的操作非常简单，只需打开需要隐藏的工作簿，然后在"视图"选项卡的"窗口"组中单击"隐藏"按钮即可。

对于处于隐藏状态的工作簿，还可取消其隐藏状态，使其可以在 Excel 主窗口中重新显示。在"视图"选项卡的"窗口"组中单击"取消隐藏"按钮，打开"取消隐藏"对话框。在对话框中选择要取消隐藏的工作簿名称，然后单击"确定"按钮，在窗口中重新显示该工作簿。

2. 隐藏或显示工作表

需要隐藏工作表时，只需选定需要隐藏的工作表，然后在"开始"选项卡的"单元格"组中，单击"格式"按钮，在弹出的快捷菜单中选择"隐藏和取消隐藏"→"隐藏工作表"命令即可。

如果要在 Excel 2007 中重新显示一个处于隐藏状态的工作表，可单击"格式"按钮，在弹出的快捷菜单中选择"隐藏和取消隐藏"→"取消隐藏工作表"命令，在打开的对话框中选择要取消隐藏的工作表名称，然后单击"确定"按钮即可。

3. 隐藏或显示窗口元素

为了尽可能多地利用屏幕显示工作表数据，用户可以隐藏大多数窗口元素。这些窗口元素包括 Excel 的编辑栏、网格线、标题等。打开"视图"选项卡，在"显示 / 隐藏"组中，可以设置隐藏或显示的窗口元素。

2.8.4　保护工作簿及工作表数据

存放在工作簿中的一些数据十分重要，如果由于操作不慎而改变了其中的某些数据，或者被他人改动或复制，将造成不可挽回的损失。因此，应对这些数据加以保护，这就需要使用 Excel 的数据保护功能。

1. 设置保护工作簿

设置保护工作簿可限制对工作簿进行访问。利用这些限制，可以防止其他人更改工作表中的部分或全部内容，查看隐藏的数据行或列，查阅公式等。利用这些限制，还可以防止其他人添加或删除工作簿中的工作表，或者查看其中的隐藏工作表，具体方法为：在"审阅"选项卡的"更改"组中单击"保护工作簿"下拉按钮，在下拉菜单中对权限进行设置，如图 2.68 所示。

2. 保护工作表

在 Excel 2007 中，除了上述可以设置保护工作簿的结构和窗口及限制访问外，还能具体设置工作表的密码与允许的操作，以达到保护工作表的目的。其具体操作如下所述。

①打开需要保护的工作表。

②单击"审阅"选项卡，在"更改"组中单击"保护工作表"按钮，弹出"保护工作表"对话框，如图 2.69 所示。

③选中"保护工作表及锁定的单元格内容"复选框，在下面的文本框输入工

作表保护密码（如 123456），然后在"允许此工作表的所有用户进行"列表框中只选中"选定锁定单元格"和"选定未锁定的单元格"复选框，如图 2.69 所示。

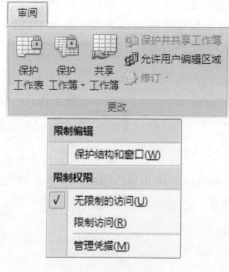

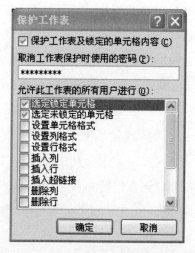

图 2.68 设置工作簿权限 　　图 2.69 "保护工作表"对话框

④单击"确定"按钮，打开"确认密码"对话框，在对话框中再次输入密码后，单击"确定"按钮完成保护工作表操作。

如果要撤销工作表的保护，即单击"审阅"选项卡，在"更改"组中单击"撤销工作表保护"按钮，弹出"撤销工作表保护"对话框，然后在"密码"文本框中输入密码，单击"确定"按钮即可。

2.9　打印工作表

当制作好工作表后，通常要做的下一步工作就是将它打印出来。利用 Excel 2007 提供的设置页面、设置打印区域、打印预览等打印功能，可以对制作好的工作表进行打印设置，并美化打印的效果。本节将介绍打印工作表的相关操作。

2.9.1　预览打印效果

Excel 2007 提供打印预览功能，用户可以通过该功能查看表格打印后的实际效果，如页面设置、分页符效果等。若不满意可以及时调整，避免打印后不能使用而造成浪费。

在 Excel 2007 中单击"Office 按钮"，在弹出的菜单中选择"打印"→"打印预览"命令，如图 2.70 所示，即可打开打印预览窗口，在其中可以预览当前活动工作表的打印效果，如图 2.71 所示。

图 2.70　打印预览命令

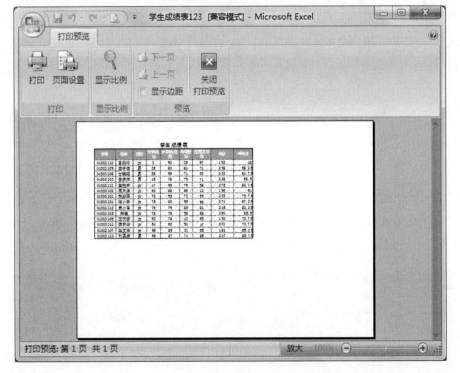

图 2.71　打印预览效果

2.9.2 设置打印页面

在打印工作表之前，可根据要求对希望打印的工作表进行一些必要的设置。例如，设置纸张的方向、纸张的大小、页眉或页脚以及页边距等。在"页面布局"选项卡的"页面设置"组中可以完成最常用的页面设置，如图 2.72 所示。

图 2.72 "页面布局"选项卡

1. 设置页边距

页边距是指打印工作表的边缘与打印纸边缘的距离。Excel 2007 提供了 3 种预设的页边距方案，分别为"普通""宽"与"窄"，其中默认使用的是"普通"页边距方案。通过选择这 3 种方案中的一种，可以快速设置页边距效果。

如果预设的页边距方案不能满足需要，还可以单击"自定义边距"，打开"页面设置"对话框，在"页边距"选项卡中进行自定义设置，如图 2.73 所示。

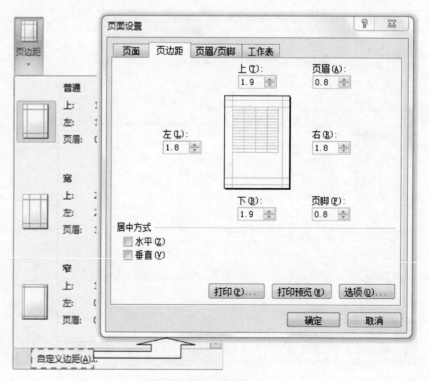

图 2.73 页边距自定义设置

2. 设置纸张方向

在设置打印页面时，打印方向可设置为纵向打印和横向打印两种。在“页面设置”组中单击“纸张方向”按钮，在弹出的菜单中选择“纵向”或“横向”命令，可以设置所需打印方向。在“页面设置”对话框的“页面”选项卡中也可以进行该项设置。

3. 设置纸张大小

在设置打印页面时，应选用与打印机中打印纸大小对应的纸张大小设置。在“页面设置”组中单击“纸张大小”按钮，在弹出的菜单中可以选择纸张大小，在“页面设置”对话框的“页面”选项卡中也可以进行该项设置，如图 2.74 所示。

图 2.74　在“页面设置”对话框中设置纸张大小

4. 设置打印区域

在打印工作表时，经常会遇到不需要打印整张工作表的情况，此时可以设置打印区域，只打印工作表中所需要的部分，具体步骤如下所述。

①选中需要打印的区域。

②在“页面设置”组中单击“打印区域”按钮，在弹出的菜单中选择“设置打印区域”。

③如需取消设置好的打印区域，只需单击“打印区域”按钮，在弹出的菜单中选择“取消打印区域”。

5. 设置打印标题

在打印工作表时，可以选择工作表中的任意行或列为打印标题，打印标题将显示在打印文件的每一个页面中。若选择行为打印标题，则该行会出现在打印页的顶端，若选择列为打印标题，则该列会出现在打印页的最左端。以设置顶端标题为例，具体步骤如下所述。

①在"页面布局"选项卡的"页面设置"组中单击"打印标题"，如图 2.75 所示，弹出"页面设置"文本框。

②在"页面设置"文本框的"工作表"选项卡中对打印标题进行设置，单击"顶端标题行"的"选取"按钮，弹出"页面设置—顶端标题行"对话框，如图 2.76 所示。

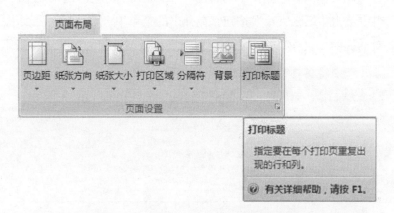

图 2.75　设置打印标题

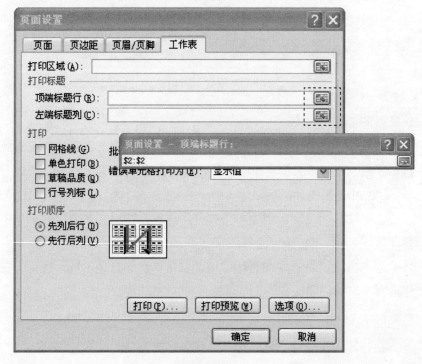

图 2.76　设置打印标题

③在行标处选择要设置为标题的行，按"Enter"键，单击"工作表"选项卡中的"确定"按钮即可。

2.9.3　创建页眉和页脚

页眉是自动出现在第一个打印页顶部的文本，而页脚是显示在每一个打印页底部的文本。有关打印和打印设置的内容将在后面的章节中进行介绍，本节只介绍如何创建页眉和页脚。

1. 添加页眉和页脚

页眉和页脚在打印工作表时非常有用，通常可以将有关工作表的标题放在页眉中，而将页码放置在页脚中。如果要在工作表中添加页眉或页脚，需要在"插入"选项卡的"文本"组中进行设置，如图 2.77 所示。

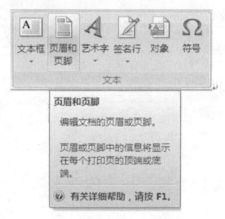

图 2.77　插入页眉页脚

2. 在页眉或页脚中插入各种项目

在工作表的页眉或页脚中，还可以根据需要插入各种项目，包括页码、页数、当前时间、文件路径以及图片等。这些项目都可以通过"设计"选项卡的"页眉和页脚元素"组中的按钮来完成，如图 2.78 所示。

2.9.4　打印 Excel 工作表

单击"Office"按钮，在弹出的菜单中选择"打印"→"打印"命令，即可打开"打印内容"对话框。在该对话框中，可以选择要使用的打印机，也可以设置打印范围、打印内容等选项。设置完成后，在"打印内容"对话框中单击"确定"按钮即可打印工作表，如图 2.79 所示。

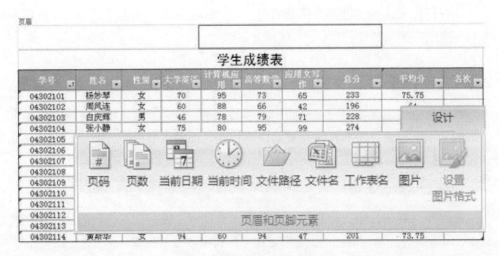

图 2.78　页眉和页脚项目的插入

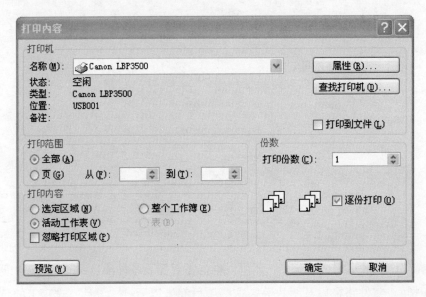

图 2.79　打印工作表

第 3 章
PowerPoint 2007 演示文稿制作软件

3.1 初识 PowerPoint 2007

3.1.1 PowerPoint 2007 简介

使用 PowerPoint 制作个性化的演示文稿，首先需要了解其应用特点。Microsoft 公司推出的 PowerPoint 2007 办公软件除了拥有全新的界面外，还添加了许多新增功能，使软件应用更加方便快捷。

1.PowerPoint 的应用特点

PowerPoint 是一种功能强大的演示文稿创作工具，它和其他 Office 应用软件一样，使用方便。简单来说，PowerPoint 具有简单易用、帮助功能强大、与他人协作便利、多媒体演示精彩、发布应用方便、支持多种格式的图形文件、输出方式多样化等应用特点。

2.PowerPoint 2007 的新增功能

PowerPoint 2007 在继承了旧版本优秀特点的同时，明显地调整了工作环境及工具按钮，从而更加直观和便捷。此外，PowerPoint 2007 还新增了功能和特性，具体如下所述。

①面向结果的功能区。

②取消任务窗格功能。

③增强的图表功能。

④专业的 SmartArt 图形。

⑤方便的共享模式。

3.1.2 启动 PowerPoint 2007

当用户安装完 Office 2007(典型安装) 之后，PowerPoint 2007 也将成功安装到系统中，这时启动 PowerPoint 2007 就可以使用它来创建演示文稿。常用的启动方法有：常规启动、通过创建新文档启动和通过现有演示文稿启动。

1.常规启动

常规启动是 Windows 操作系统中最常用的启动方式，即通过"开始"菜单启动。单击"开始"按钮，选择"程序"→"Microsoft Office"→"Microsoft Office PowerPoint 2007"命令，即可启动 PowerPoint 2007，如图 3.1 所示。

图 3.1　常规启动 PowerPoint 2007

2.通过创建新文档启动

成功安装 Microsoft Office 2007 之后，在桌面或者"我的电脑"窗口中的空白区域右击，将弹出如图 3.2 所示的快捷菜单，此时选择"新建"→"Microsoft Office PowerPoint 演示文稿"命令，即可在桌面或者当前文件夹中创建一个名为"新建 Microsoft Office PowerPoint 演示文稿"的文件。此时可以重命名该文件，然后双击文件图标，即可打开新建的 PowerPoint 2007 文件。

3.通过现有演示文稿启动

用户在创建并保存 PowerPoint 演示文稿后，可以通过已有的演示文稿启动 PowerPoint。通过已有演示文稿启动可以分为两种方式：直接双击演示文稿图标和在"文档"中启动。

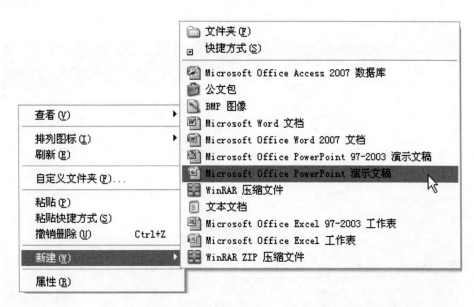

图 3.2　通过创建新文档启动 PowerPoint 2007

3.1.3　PowerPoint 2007 的界面组成

PowerPoint 2007 与旧版本相比,界面有了较大的改变,它使用选项卡替代原有的菜单,使用各种组替代原有的菜单子命令和工具栏。本节将主要介绍 PowerPoint 2007 的工作界面及各种视图方式。

1. 界面简介

启动 PowerPoint 2007 应用程序后,用户将看到全新的工作界面,如图 3.3 所示。该工作界面是由标题栏、功能区、"大纲"/"幻灯片"窗格、幻灯片编辑窗口和状态栏等部分组成的。PowerPoint 2007 的界面不仅美观实用,而且各个工具按钮的摆放更便于用户的操作。

2. 视图简介

PowerPoint 2007 提供了"普通视图""幻灯片浏览视图""备注页视图"和"幻灯片放映"4 种视图模式,使用户在不同的工作需求下都能得到一个舒适的工作环境。每种视图都包含有该视图下特定的工作区、功能区和其他工具。在不同的视图中,用户都可以对演示文稿进行编辑和加工,同时这些改动都将反映到其他视图中。用户可以在功能区中选择"视图"选项卡,然后在"演示文稿视图"组中选择相应的按钮即可改变视图模式。

"普通视图"包含了"幻灯片视图"和"大纲视图"。而"幻灯片视图"是使用率最高的视图方式。所有的幻灯片编辑操作都可以在该视图下进行。

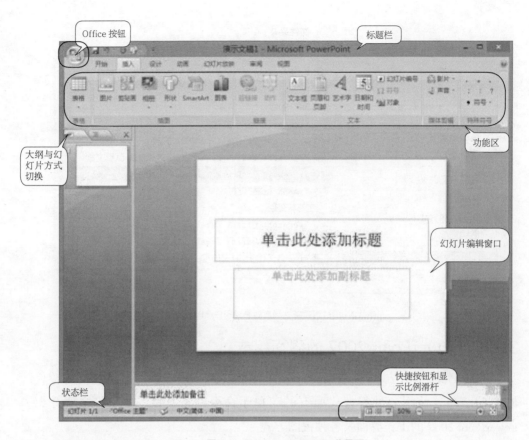

图 3.3　PowerPoint 2007 工作界面

"大纲视图"只显示幻灯片标题和正文，因此在这种视图方式下，用户更容易看清演示文稿的中心思想和主要内容，易于编辑文本以及构建和组织演示文稿。

"幻灯片浏览视图"使用户可以很方便地概览整个演示文稿，并对前后幻灯片不谐调的地方加以修改，如删除或复制幻灯片、调整幻灯片的次序。但不能修改幻灯片的内容。

"幻灯片放映视图"是将演示文稿中的幻灯片以全屏幕的方式显示出来，就像真实地放映幻灯片一样。如果设置了动画特效、画面切换、时间设置等效果，在该视图方式下也可以看到。

PowerPoint 2007 中，在普通视图的幻灯片窗格下方就可以看到备注窗格，它用来方便用户添加幻灯片的备注，以供演示文稿的演示者参考，并且可以打印出来。但普通视图的幻灯片窗格下方的备注窗格中只能包含文本，要想在备注中加入图片，则需要进入备注页视图。

3.1.4 自定义快速访问工具栏

每个人的工作习惯不一样,可根据需要自定义 PowerPoint 2007 快速访问工具栏及设置工作环境,从而使用户能够按照自己的习惯设置工作界面,并在制作演示文稿时更加得心应手。

1. 自定义快速访问工具栏

快速访问工具栏位于标题栏的左侧,如图 3.4 所示。该工具栏是一个可自定义的工具栏,它包含一组独立于当前所显示的选项卡的命令。在制作演示文稿的过程中会经常用到某些命令和按钮,因此可根据实际情况将其添加到快速访问工具栏中,以提高制作演示文稿的速度。

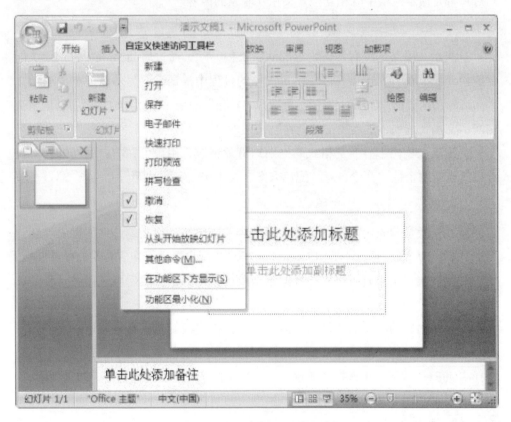

图 3.4 自定义快速访问工具栏界面

2. 设置工作环境

在 PowerPoint 2007 中,用户可以对工作环境进行设置,如下所述。

①在功能区添加"开发工具"选项卡。

②设置保存选项。

③隐藏功能区。

④工作环境的综合设置。

3.2 使用 PowerPoint 2007 创建演示文稿

3.2.1 创建演示文稿

在 PowerPoint 2007 中，存在演示文稿和幻灯片两个概念，使用 PowerPoint 2007 制作出来的整个文件称为演示文稿。而演示文稿中的每一页则称为幻灯片，每张幻灯片都是演示文稿中既相互独立又相互联系的内容。

1. 快速建立空演示文稿

空演示文稿是指没有任何内容的演示文稿，除了通过启动 PowerPoint 2007 创建空白演示文稿外，还可在制作演示文稿的过程中根据需要另外新建空白演示文稿。其方法是选择"Office"按钮，再选择"新建"命令，在打开的页面中选址"空白演示文稿"选项，最后单击"创建"按钮即可。

空演示文稿由带有布局格式的空白幻灯片组成，用户可在空白的幻灯片上设计出具有鲜明个性的背景色彩、配色方案、文本格式和图片等。

2. 根据模板新建演示文稿

设计模板是预先定义好的演示文稿的样式、风格，包括幻灯片的背景、装饰图案、文字布局及颜色大小等，PowerPoint 2007 为用户提供了许多美观的设计模板，用户在设计演示文稿时可以先选择演示文稿的整体风格，然后再进行进一步的编辑修改。

如果对创建的演示文稿结构不清楚，可根据模板创建已具备一定文字内容、提示内容或设计版式的演示文稿，这样制作演示文稿会更加简单。其创建方法是选择"Office"按钮，再选择"新建"命令，在打开的页面中选址相应的选项即可。

3.2.2 编辑幻灯片

在 PowerPoint 2007 中，可以对幻灯片进行编辑操作，主要包括添加新幻灯片、选择幻灯片、复制幻灯片、调整幻灯片顺序和删除幻灯片等。在对幻灯片的操作过程中，最为方便的视图模式是幻灯片浏览视图。对于小范围或少量的幻灯片操作，也可以在普通视图模式下进行。

1. 添加新幻灯片

在启动 PowerPoint 2007 后，PowerPoint 会自动建立一张新的幻灯片，随着制作过程的推进，需要在演示文稿中添加更多的幻灯片。要添加新幻灯片，可以按照下面的方法进行操作。

单击"开始"选项卡，在功能区的"幻灯片"组中单击"新建幻灯片"按钮，即可添加一张默认版式的幻灯片。当需要应用其他版式时，单击"新建幻灯片"按钮右下方的下拉箭头，弹出如图 3.5 所示的菜单。在该菜单中选择需要的版式，即可将其应用到当前的幻灯片中，如图 3.6 所示。

2. 选择新幻灯片

在 PowerPoint 2007 中，用户可以选中一张或多张幻灯片，然后对选中的幻灯片进行操作。以下是在普通视图中选择幻灯片的方法。

①选择单张幻灯片。无论是在普通视图还是在幻灯片浏览模式下，只需单击需要的幻灯片，即可选中该张幻灯片。

②选择编号相连的多张幻灯片。首先单击起始编号的幻灯片，然后按住"Shift"键，单击结束编号的幻灯片，此时将有多张幻灯片被同时选中。

③选择编号不相连的多张幻灯片。在按住"Ctrl"键的同时，依次单击需要选择的每张幻灯片，此时被单击的多张幻灯片同时选中。在按住"Ctrl"键的同时再次单击已被选中的幻灯片，则该幻灯片被取消选择。

3. 复制幻灯片

PowerPoint 2007 支持以幻灯片为对象的复制操作。在制作演示文稿时，有时会需要两张内容基本相同的幻灯片。此时可以利用幻灯片的复制功能，复制出一张相同的幻灯片，然后再对其进行适当的修改。复制幻灯片的基本方法如下所述。

①选中需要复制的幻灯片，在"开始"选项卡的"剪贴板"组中单击"复制"按钮。

②在需要插入幻灯片的位置单击，然后在"开始"选项卡的"剪贴板"组中单击"粘贴"按钮。

4. 调整幻灯片顺序

在制作演示文稿时，如果需要重新排列幻灯片的顺序，就需要移动幻灯片。移动幻灯片可以用到"剪切"按钮和"粘贴"按钮，其操作步骤与使用"复制"和"粘贴"按钮相似。

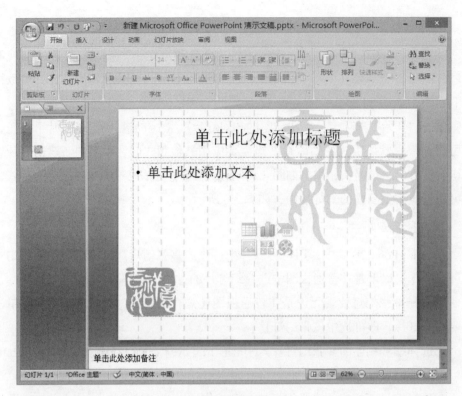

图 3.5　新建幻灯片

图 3.6　添加新幻灯片版式

3.2.3　放映与保存演示文稿

在演示文稿的制作过程中，可以随时进行幻灯片的放映，以观看幻灯片的显示及动画效果。保存幻灯片可以将用户的制作成果永久地保存下来，供以后使用或再次编辑。

1. 放映演示文稿

制作幻灯片的目的是向观众播放最终的作品，在不同场合、不同观众的条件下，必须根据实际情况来选择具体的播放方式。

在 PowerPoint 2007 中，提供了 3 种不同的幻灯片播放模式。

① 从头开始放映。

② 从当前幻灯片放映。

③ 自定义幻灯片放映。

2. 保存演示文稿

文件的保存是一种常规操作，在演示文稿的创建过程中及时保存工作成果，可以避免数据的意外丢失。在 PowerPoint 2007 中保存演示文稿的方法和步骤与其他 Windows 应用程序相似。

（1）常规保存

① 保存为一般演示文稿。

第 1 步：选择命令。制作和演示完文稿后，单击快速访问工具栏中的"保存"按钮或选择"Office"按钮的"保存"命令。

第 2 步：设置保存参数。在打开的"另存为"对话框中选择保存的位置，在"文件名"下拉列表框中输入演示文稿名称，最后单击"保存"按钮。

第 3 步：查看保存的演示文稿。打开演示文稿保存的位置，就能看到保存的演示文稿。

② 保存为模板。在制作演示文稿的过程中常用到模板，前面也讲过创建演示文稿还可通过模板创建，其实也可将制作好的演示文稿保存为模板，以备以后新建演示文稿。保存为模板的方法是：选择 Office 按钮的"保存"命令，在打开的"另存为"对话框的"保存类型"下拉列表框中选择"PowerPoint 模板"选项，最后单击"保存"按钮即可。

③ 另存为演示文稿。为了使当前的编辑操作对演示文稿不产生影响，可将当前文档进行另存，即将需保持的演示文稿保存在磁盘中的其他位置或以其他名称

保存在当前位置。另存为演示文稿的方法是：选择"Office"按钮的"另存为"命令，在打开的"另存为"对话框中设置保存参数即可。

（2）加密保存

第 1 步：单击 PPT 左上角的 Windows 图标，就能在下面看到"另存为"，再单击。

第 2 步：在弹出来的新窗口中需要输入文件名和保存地址，按照用户的要求输入，比如保存在桌面，命名为"11"。

第 3 步：在这个窗口的左下角有一个工具选项，单击，即出现很多选项，用户选择常规选项。

第 4 步：在单击常规选项之后会弹出一个新的"常规选项"窗口，在那里用户可以设置打开密码和编辑密码。

第 5 步：在编辑好密码后，单击"确定"按钮就会先后弹出一个确认打开密码和修改密码的窗口，再次输入即可。

第 6 步：在输入了两次密码之后，单击文件下方的"保存"按钮。

第 7 步：再次打开的时候就会发现文档需要密码才能打开。一个为打开的密码，一个为修改的密码。

3.3 文本处理功能

3.3.1 占位符的基本编辑

占位符是包含文字和图形等对象的容器，其本身是构成幻灯片内容的基本对象，具有自己的属性。用户可以对其中的文字进行操作，也可以对占位符本身进行大小调整、移动、复制、粘贴及删除等操作。

1. 选择、移动及调整占位符

占位符常见的操作状态有两种，即文本编辑与整体选中。在文本编辑状态中，用户可以编辑占位符中的文本；在整体选中状态中，用户可以对占位符进行移动、调整大小等操作。 如图 3.7 所示选择占位符，图 3.8 所示移动占位符，图 3.9 所示调整占位符。

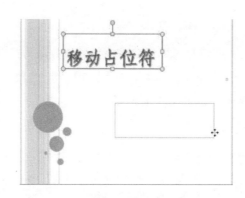

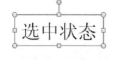

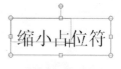

图 3.7　选择占位符　　　　图 3.8　移动占位符　　　　图 3.9　调整占位符

2. 复制、剪切、粘贴和删除占位符

用户可以对占位符进行复制、剪切、粘贴及删除等基本编辑操作。对占位符的编辑操作与对其他对象的操作相同，选中占位符之后，在"开始"选项卡的"剪贴板"组中选择"复制""粘贴"及"剪切"等相应按钮即可。

在复制或剪切占位符时，会同时复制或剪切占位符中的所有内容和格式，以及占位符的大小和其他属性。

当把复制的占位符粘贴到当前幻灯片时，被粘贴的占位符将位于原占位符的附近；当把复制的占位符粘贴到其他幻灯片时，则被粘贴占位符的位置将与原占位符在幻灯片中的位置完全相同。

占位符的剪切操作常用于在不同的幻灯片间移动内容。

选中占位符后按键盘上的"Delete"键，可以将占位符及其内部的所有内容删除。

3.3.2　设置占位符属性

在 PowerPoint 2007 中，占位符、文本框及自选图形等对象具有相似的属性，如颜色、线型等，设置它们属性的操作是相似的。在幻灯片中选中占位符时，功能区将出现"格式"选项卡，如图 3.10 所示，通过该选项卡中的各个按钮和命令即可设置占位符的属性。

图 3.10　"格式"选项卡

1. 旋转占位符

在设置演示文稿时，占位符可以任意角度旋转。方法为：选中占位符，在"格式"选项卡的"排列"组中单击"旋转"按钮，在弹出的菜单中选择相应的命令即可实现指定角度的旋转，如图 3.11 所示。

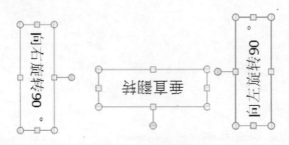

图 3.11　旋转占位符

2. 对齐占位符

如果一张幻灯片中包含两个或两个以上的占位符，用户可以通过选择相应命令来左对齐、右对齐、左右居中或横向分布占位符。

在幻灯片中选中多个占位符，在"格式"选项卡的"排列"组中单击"对齐"按钮，此时在弹出的菜单中选择相应命令，即可设置占位符的对齐方式，如图 3.12 所示。

图 3.12　对齐占位符

3. 设置占位符形状

占位符的形状设置包括"形状填充""形状轮廓"和"形状效果"设置。通过设置占位符的形状，可以自定义内部纹理、渐变样式、边框颜色、边框粗细、阴影效果、反射效果等，如图 3.13 所示。

业务活动管理循环

图 3.13　设置占位符形状

3.3.3　在幻灯片中添加文本

文本对演示文稿中主题、问题的说明及阐述作用是其他对象不可替代的。在幻灯片中添加文本的方法有很多种，常用的方法有使用占位符、使用文本框和从外部导入文本。

1. 在占位符中添加文本

在占位符中输入文本是最常用的一种输入方法，在进行文本输入前需要认识占位符，才能对其进行文本输入，输入完成后还可根据需要对占位符进行调整。

（1）认识占位符

在幻灯片中经常可以看到"单击此处添加标题""单击此处添加文本"等有虚线边框的文本框，其实这些文本框就被称为占位符。占位符是 PowerPoint 中特有的对象，通过它可以输入文本、插入对象等。

（2）输入文本

在幻灯片的占位符中已经预设了文字的属性和样式，用户只需根据需要在相应的占位符中添加内容。不管是标题幻灯片还是内容幻灯片，在占位符中输入文本的方法相同，如图 3.14 所示。

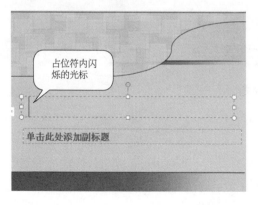

图 3.14　在幻灯片中添加文本

2. 使用文本框添加文本

文本框是一种可移动、可调整大小的文字容器，它与文本占位符非常相似。使用文本框可以在幻灯片中放置多个文字块，使文字按照不同的方向排列。也可以突破幻灯片版式的制约，实现在幻灯片中任意位置添加文字信息的目的。

用户可以根据需要在制作幻灯片的过程中绘制任意大小的文本框。文本框包括横排文本框和竖排文本框。

3. 从外部导入文本

用户除了使用复制的方法从其他文档中将文本粘贴到幻灯片中，还可以在"插入"选项卡中选择"对象"命令，直接将文本文档导入幻灯片中，如图 3.15 所示。

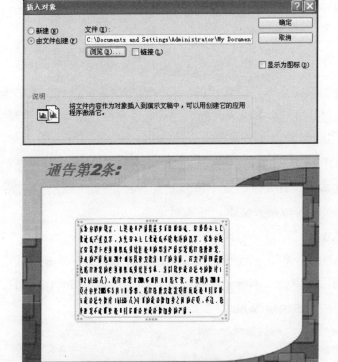

图 3.15　从外部导入文本

3.3.4　文本的基本操作

PowerPoint 2007 的文本基本操作主要包括选择、复制、粘贴、剪切、撤销与重复、查找与替换等，掌握文本的基本操作是进行文字属性设置的基础。

3.3.5　设置文本的基本属性

为了使演示文稿更加美观、清晰，通常需要对文本属性进行设置。文本的基本属性设置包括字体、字形、字号及字体颜色等。在 PowerPoint 中，当幻灯片应用了版式后，幻灯片中的文字也具有了预先定义的属性。但在很多情况下，用户仍然需要按照自己的要求对它们重新进行设置。

1. 设置字体和字号

为幻灯片中的文字设置合适的字体和字号,可以使幻灯片的内容清晰明了。和编辑文本一样,在设置文本属性之前,首先要选择相应的文本,如图 3.16 所示。

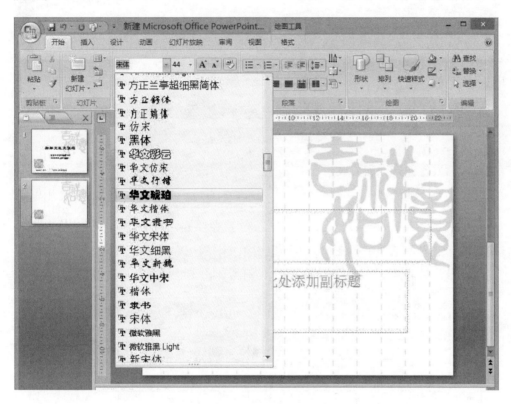

图 3.16　设置字体和字号

2. 设置字体颜色

用户的输出设备(如显示器、投影仪、打印机等)都允许使用彩色信息,这样在设计演示文稿时就可以进一步设置文字的字体颜色,如图 3.17 所示。

3.3.6　插入符号和公式

在编辑演示文稿的过程中,除了输入文本或英文字符,在很多情况下还要插入一些符号和公式,例如 2、β、∈、$Fx = Fcos\,β$ 等,这时仅通过键盘是无法输入这些符号的。PowerPoint 2007 提供了插入符号和公式的功能,用户可以在演示

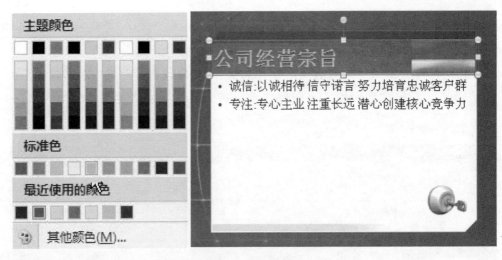

图 3.17　设置字体颜色

文稿中插入各种符号和公式。

1. 插入符号

要在文档中插入符号，可以先将光标放置在要插入符号的位置，然后单击功能区的"插入"选项卡，在"文本"组中单击"符号"按钮，打开如图 3.18 所示的"符号"对话框，在其中选择要插入的符号，单击"插入"按钮即可。

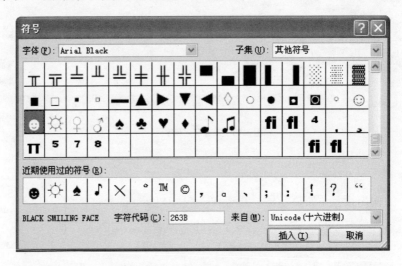

图 3.18　"符号"对话框

2. 插入公式

要在幻灯片中插入各种公式，可以使用公式编辑器输入统计函数、数学函数、微积分方程式等复杂公式。方法为：单击"插入"选项卡，在"文本"组中单击"对象"按钮，在打开的对话框中选择公式编辑器即可。

3.4　段落处理功能

3.4.1　编排段落格式

段落格式包括段落对齐、段落缩进及段落间距设置等。在掌握了幻灯片中编排段落格式后，就可以为整个演示文稿设置风格相适应的段落格式。

1. 设置段落对齐方式

段落对齐是指段落边缘的对齐方式，包括左对齐、右对齐、居中对齐、两端对齐和分散对齐。

- •左对齐：左对齐时，段落左边对齐，右边参差不齐。
- •右对齐：右对齐时，段落右边对齐，左边参差不齐。
- •居中对齐：居中对齐时，段落居中排列。
- •两端对齐：两端对齐时，段落左右两端都对齐分布，但是段落最后不满一行的文字右边是不对齐的。
- •分散对齐：分散对齐时，段落左右两边均对齐，而且当每个段落的最后一行不满一行时，将自动拉开字符间距使该行均匀分布。

2. 设置段落的缩进方式

在 PowerPoint 2007 中，可以设置段落与占位符或文本框左边框的距离，也可以设置首行缩进和悬挂缩进。使用"段落"对话框可以准确地设置缩进尺寸，在功能区单击"段落"组中的对话框启动器，将打开"段落"对话框，如图 3.19 所示。

图 3.19　"段落"对话框

3. 设置行间距和段间距

在 PowerPoint 2007 中，用户可以设置行距及段落换行的方式。设置行距可以改变 PowerPoint 2007 默认的行距，使演示文稿中的内容条理更为清晰；设置换行格式，可以使文本以用户规定的格式分行。

3.4.2 使用项目符号

在演示文稿中，为了使某些内容更为醒目，经常要用到项目符号。项目符号用于强调一些特别重要的观点或条目，从而使主题更加美观、突出。

1. 常用项目符号

将光标定位在需要添加项目符号的段落中，在"开始"选项卡的"段落"组中单击"项目符号"按钮右侧的下拉箭头，打开项目符号菜单，在该菜单中选择需要使用的项目符号命令即可，如图 3.20 所示。

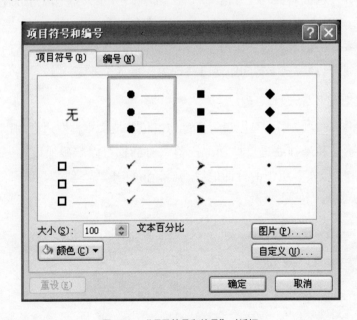

图 3.20 "项目符号和编号"对话框

2. 图片项目符号

在"项目符号和编号"对话框中可供选择的项目符号类型共有 7 种，此外 PowerPoint 2007 还可以将图片设置为项目符号，这样就丰富了项目符号的形式，如图 3.21 所示。

图 3.21　"图片项目符号"对话框

3. 自定义项目符号

在 PowerPoint 2007 中，除了系统提供的项目符号和图片项目符号外，还可以将系统符号库中的各种字符设置为项目符号。在"项目符号和编号"对话框中单击"自定义"按钮，即打开"符号"对话框，如图 3.22 所示。

3.4.3　使用项目编号

在 PowerPoint 2007 中，可以为不同级别的段落设置项目编号，使主题层次更加分明、有条理。在默认状态下，项目编号是由阿拉伯数字构成。此外，PowerPoint 2007 还允许用户使用自定义项目编号样式。

要为段落设置项目编号，可以将光标定位在段落中，然后打开"项目符号和编号"对话框的"编号"选项卡，如图 3.23 所示，即可以根据用户需要选择编号样式。

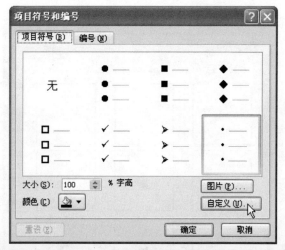

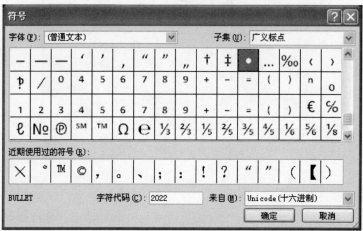

图 3.22 自定义项目符号

图 3.23 "编号"选项卡

3.5　图形处理功能

3.5.1　在幻灯片中插入图片

在演示文稿中插入图片，可以更加生动形象地阐述其主题和要表达的思想。在插入图片时，要充分考虑幻灯片的主题，使图片和主题和谐一致。

1. 插入剪贴画

PowerPoint 2007 附带的剪贴画库内容非常丰富，所有的图片都经过专业设计，它们能够表达不同的主题，适合于制作各种不同风格的演示文稿。

要插入剪贴画，可以在"插入"选项卡的"插图"组中单击"剪贴画"按钮，打开"剪贴画"任务窗格，如图 3.24 所示。

图 3.24　"剪贴画"对话框

2. 插入来自文件的图片

用户除了插入 PowerPoint 2007 自带的剪贴画之外，还可以插入磁盘中的图片。这些图片可以是 BMP 位图，也可以是由其他应用程序创建的图片，从因特网下载的或通过扫描仪及数码相机输入的图片等，如图 3.25 所示。

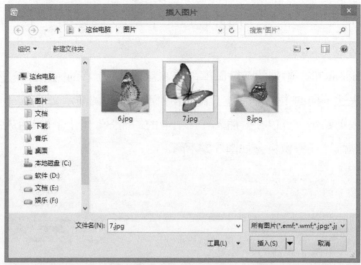

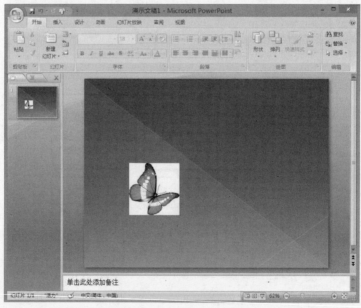

图 3.25　插入来自文件的图片

3.5.2　编辑图片

在演示文稿中插入图片后，用户可以调整其位置、大小，也可以根据需要进行裁剪、调整对比度和亮度、添加边框、设置透明色等操作。

1. 调整图片位置

要调整图片位置，可以在幻灯片中选中该图片，然后按键盘上的方向键上、下、左、右移动图片；也可以按住鼠标左键拖动图片，等拖动到合适的位置后释放鼠标左键即可，如图 3.26 所示。

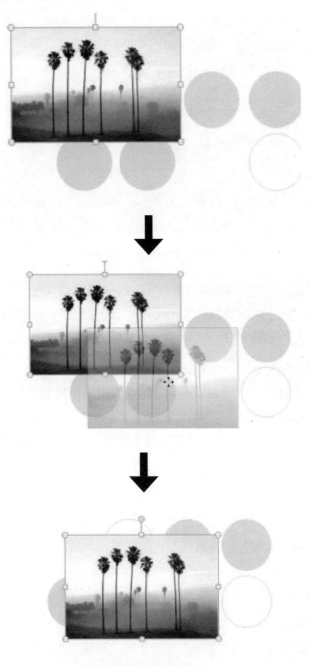

图 3.26　编辑图片

2. 调整图片大小

单击插入幻灯片中的图片，图片周围将出现 8 个白色控制点，当鼠标移动到控制点上方时，鼠标指针变为双箭头形状，此时按下鼠标左键拖动控制点，即可调整图片的大小，如图 3.27 所示。

图 3.27　调整图片大小和旋转图片

当拖动图片 4 个角上的控制点时，PowerPoint 会自动保持图片的长宽比例不变。拖动 4 条边框中间的控制点时，可以改变图片原来的长宽比例。

按住 "Ctrl" 键调整图片大小时，将保持图片中心位置不变。

3. 旋转图片

在幻灯片中选中图片时，周围除了出现 8 个白色控制点外，还有 1 个绿色的旋转控制点。拖动该控制点，可自由旋转图片。另外，在 "格式" 选项卡的 "排列" 组中单击 "旋转" 按钮，可以通过该按钮下的命令控制图片旋转的方向，如图 3.27 所示。

4. 裁剪图片

调整图片大小和旋转图片是对图片的位置、大小和角度进行调整，只能改变整个图片在幻灯片中所处的位置和所占的比例。而当插入的图片中有多余的部分时，可以使用 "裁剪" 操作，将图片中多余的部分删除，如图 3.28 所示。

5. 重新调色

在 PowerPoint 2007 中可以对插入的 Windows 图元文件 (.wmf) 等矢量图形进行重新着色。选中图片后，在 "格式" 选项卡的 "调整" 组中单击 "重新着色" 按钮，打开如图 3.29 所示的菜单，用户可以从中选择需要的模式为图片重新着色。

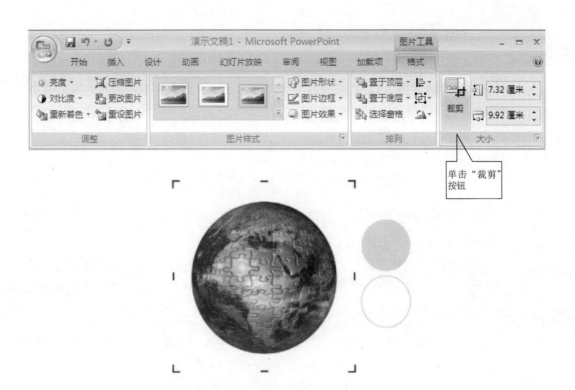

图 3.28　裁剪图片

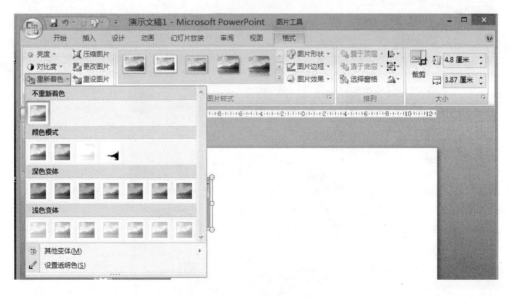

图 3.29　"重新调色"界面

6. 调整图片的对比度和亮度

图片的亮度是指图片整体的明暗程度，对比度是指图片中最亮部分和最暗部分的差别。用户可以通过调整图片的亮度和对比度，使效果不好的图片看上去更为舒适，也可以将正常的图片调高亮度或降低对比度以达到某种特殊的效果。

在调整图片对比度和亮度时，首先应选中图片，然后在"调整"组中单击"亮度"按钮和"对比度"按钮进行设置。

7. 改变图片外观

PowerPoint 2007 提供改变图片外观的功能，该功能可以赋予普通图片形状各异的样式，从而达到美化幻灯片的效果。

要改变图片的外观样式，应首先选中该图片，然后在"格式"选项卡的"图片样式"组中选择图片的外观样式，如图 3.30 所示。

图 3.30　改变图片外观

8. 压缩图片文件

在 PowerPoint 2007 中，可以通过"压缩图片"功能对演示文稿中的图片进行压缩，以节省硬盘空间和减少下载时间。在压缩图片时，用户可以根据用途降低图片的分辨率，如用于屏幕放映的图像，可以将分辨率减少到 96 dpi(点每英寸)；用于打印的图像，可以将分辨率减少到 200 dpi，如图 3.31 所示。

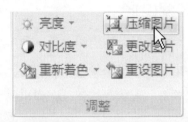

图 3.31　压缩图片文件

9. 设置透明色

PowerPoint 2007 允许用户将图片中的某部分设置为透明色，例如，让某种颜色区域透出被它覆盖的其他内容，或者让图片的某些部分与背景分离开。PowerPoint 2007 可在除 GIF 动态图片以外的大多数图片中设置透明区域，如图 3.32 所示。

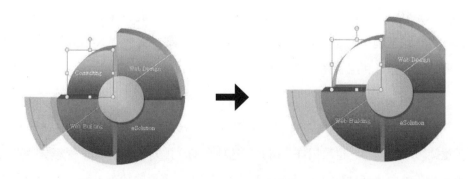

图 3.32　设置透明色

10. 图片的其他设置

用户可以对插入的图片设置形状和效果，在幻灯片中选中图片，单击"格式"选项卡，在"图片样式"组中单击"图片形状"按钮和"图片效果"按钮，然后在弹出的菜单中进行设置即可。

3.5.3　在幻灯片中绘制图形

PowerPoint 2007 提供了功能强大的绘图工具，利用绘图工具可以绘制各种线条、连接符、几何图形、星形以及箭头等复杂的图形。在功能区切换到"插入"选项卡，并在"插图"组单击"形状"按钮，在弹出的菜单中选择需要的形状绘制图形即可，如图 3.33 所示。

图 3.33　在幻灯片中绘制图形

3.5.4　编辑图形

在 PowerPoint 2007 中，可以对绘制的图形进行个性化的编辑。和其他操作一样，在进行设置前，应首先选中该图形，对图形最基本的编辑包括旋转图形、对齐图形、层叠图形和组合图形等。

1. 旋转图形

旋转图形与旋转文本框、文本占位符一样，只要拖动其上方的绿色旋转控制点任意旋转图形即可，也可以在"格式"选项卡的"排列"组中单击"旋转"按钮，在弹出的菜单中选择"向左旋转 90°""向右旋转 90°""垂直翻转"和"水平翻转"等命令，如图 3.34 所示。

图 3.34　编辑图形

2. 对齐图形

当在幻灯片中绘制多个图形后，可以在功能区的"排列"组中单击"对齐"按钮，如图 3.35 所示，在弹出的菜单中选择相应的命令来对齐图形，其具体对齐方式与文本对齐相似。

图 3.35　对齐图形

3. 层叠图形

对于绘制的图形，PowerPoint 2007 将按照绘制的顺序将它们放置于不同的对象层中，如果对象之间有重叠，则后绘制的图形将覆盖在先绘制的图形之上，即上层对象遮盖下层对象。当需要显示下层对象时，可以通过调整它们的叠放次序来实现。

要调整图形的层叠顺序，可在功能区的"排列"组中单击"置于顶层"按钮和"置于底层"按钮右侧的下拉箭头，在弹出的菜单中选择相应命令即可，如图 3.36 所示。

图 3.36　调整图形的层叠顺序

4．组合图形

在绘制多个图形后，如果希望这些图形保持相对位置不变，可以使用"组合"按钮下的命令将其进行组合，如图 3.37 所示。也可以同时选中多个图形，单击鼠标右键，在弹出的快捷菜单中选择"组合"→"组合"命令，如图 3.38 所示。当图形被组合后，可以像一个图形一样被选中、复制或移动。

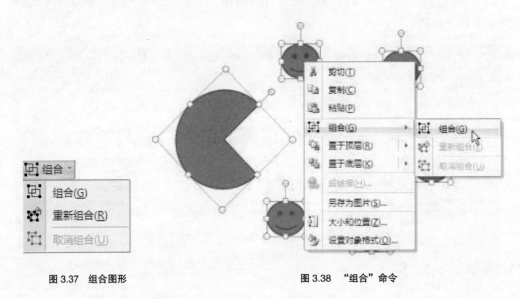

图 3.37　组合图形　　　　　　　图 3.38　"组合"命令

3.5.5　设置图形格式

PowerPoint 2007 具有功能齐全的图形设置功能，可以利用线型、箭头样式、填充颜色、阴影效果和三维效果等进行修饰。利用系统提供的图形设置工具，可以使配有图形的幻灯片更容易理解。

1．设置线型

选中绘制的图形，在"格式"选项卡的"形状样式"组中单击"形状轮廓"按钮，在弹出的菜单中选择"粗细"和"虚线"命令，然后在其子命令中选择需要的线型样式即可，如图 3.39 所示。

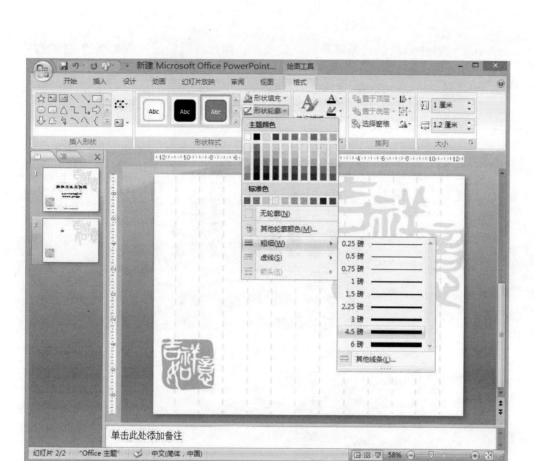

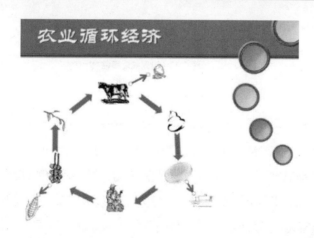

图 3.39　设置线型

2. 设置线条颜色

在幻灯片中绘制的线条都有默认的颜色，用户可以根据演示文稿的整体风格改变线条颜色。单击"形状轮廓"按钮，在弹出的菜单中选择颜色即可，如图 3.40 所示。

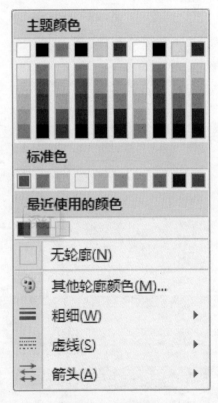

图 3.40　设置线条颜色

3. 设置填充颜色

为图形添加填充颜色是指在一个封闭的对象中加入填充效果，这种效果可以是单色、过渡色、纹理甚至是图片。用户可以通过单击"形状填充"按钮，在弹出的菜单中选择满意的颜色，也可以通过单击"其他填充颜色"命令设置其他颜色。另外，根据需要选择"渐变"或"纹理"命令为一个对象填充一种过渡色或纹理样式。

4. 设置阴影及三维效果

在 PowerPoint 中可以为绘制的图形添加阴影或三维效果。设置图形对象阴影效果的方式是首先选中对象，单击"形状效果"按钮，在打开的面板中选择"阴影"命令，然后在如图 3.41 所示的菜单中选择需要的阴影样式即可。

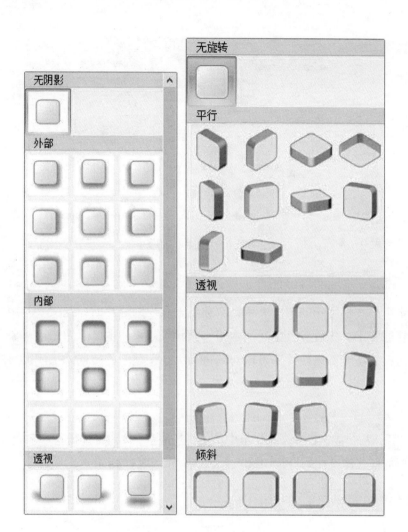

图 3.41　设置阴影及三维效果

设置图形对象三维效果的方法是首先选中对象，然后单击"形状效果"按钮，在弹出的菜单中选择"三维旋转"命令，然后在如图 3.41 所示的三维旋转样式列表中选择需要的样式即可。

5. 在图形中输入文字

大多数自选图形允许用户在其内部添加文字。常用的方法有两种：一是选中图形，直接在其中输入文字；二是在图形上右击，选择"编辑文字"命令，然后在光标处输入文字。单击输入的文字，可以再次进入文字编辑状态进行修改，如图 3.42 所示。

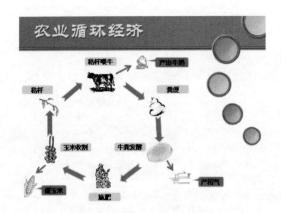

图 3.42　在图形中输入文字

3.5.6　插入与编辑艺术字

艺术字是一种特殊的图形文字，常被用来表现幻灯片的标题文字。用户既可以像对普通文字一样设置其字号、加粗、倾斜等效果，也可以像图形对象那样设置它的边框、填充等属性，还可以对其进行大小调整、旋转或添加阴影、三维效果等。

1. 插入艺术字

在"插入"功能区的"文本"组中单击"艺术字"按钮，打开艺术字样式列表。单击需要的样式即可在幻灯片中插入艺术字，如图 3.43 所示。

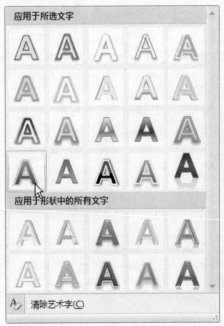
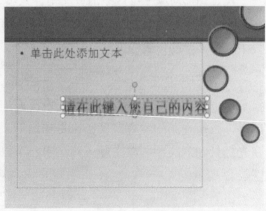

图 3.43　插入艺术字

2.编辑艺术字

用户在插入艺术字后，如果对艺术字的效果不满意，可以对其进行编辑修改。先选中艺术字，然后在"格式"选项卡的"艺术字样式"组中单击对话框启动器，在打开的"设置文本效果格式"对话框中进行编辑即可，如图 3.44 所示。

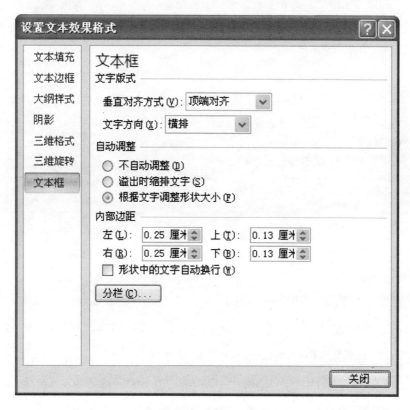

图 3.44　编辑艺术字

3.5.7　插入相册

随着数码相机的普及，使用计算机制作电子相册的用户越来越多，当没有制作电子相册的专门软件时，使用 PowerPoint 也能轻松制作出漂亮的电子相册。在商务应用中，电子相册同样适用于介绍公司的产品目录，或者分享图像数据及研究成果。

1.新建相册

在幻灯片中新建相册时，只要在"插入"选项卡的"插图"组中单击"相册"按钮，在弹出的菜单中选择"新建相册"命令，然后从本地磁盘的文件夹中选择相关的图片文件插入即可。在插入相册的过程中可以更改图片的先后顺序、调整图片的色彩明暗对比与旋转角度，以及设置图片的版式和相框形状等，如图 3.45 所示。

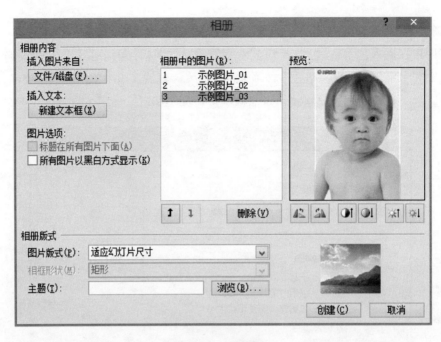

图 3.45　新建相册

2. 设置相册格式

对于建立的相册，如果不满意其所呈现的效果，可以单击"相册"按钮，在弹出的菜单中选择"编辑相册"命令，在打开的"编辑相册"对话框重新修改相册的图片版式、相框形状、演示文稿设计模板等相关属性。设置完成后，PowerPoint 会自动帮助用户重新整理相册，如图 3.46 所示。

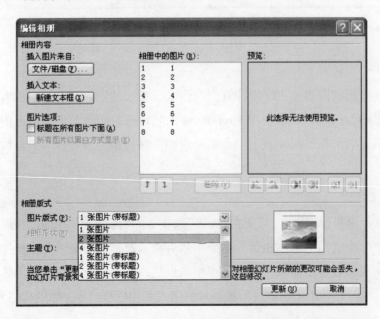

图 3.46　设置相册格式

3.6　美化幻灯片

3.6.1　查看幻灯片母版

PowerPoint 2007 包含 3 个母版，分别是幻灯片母版、讲义母版和备注母版。当需要设置幻灯片风格时，可在幻灯片母版视图中进行设置；当需要将演示文稿以讲义形式打印输出时，可在讲义母版中进行设置；当需要在演示文稿中插入备注内容时，则可在备注母版中进行设置。

1. 幻灯片母版

幻灯片母版是存储模板信息设计模板的一个元素。幻灯片母版中的信息包括字形、占位符大小和位置、背景设计和配色方案。用户通过更改这些信息，就可以更改整个演示文稿中幻灯片的外观。

在功能区切换到"视图"选项卡，在"演示文稿视图"组中单击"幻灯片母版"按钮，打开幻灯片母版视图，如图 3.47 所示。

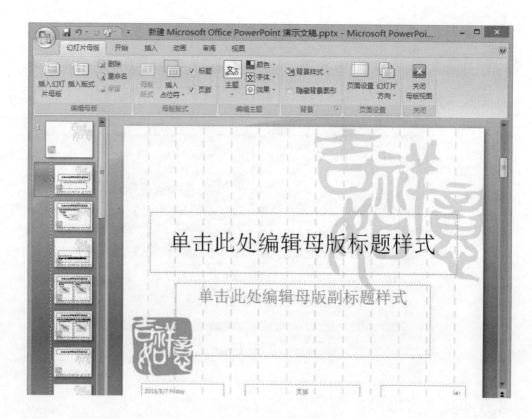

图 3.47　幻灯片母版

2.讲义母版

讲义母版是为制作讲义而准备的，通常需要打印输出，因此讲义母版的设置大多和打印页面有关。它允许设置一页讲义中包含几张幻灯片，设置页眉、页脚、页码等基本信息。在讲义母版中插入新的对象或者更改版式时，新的页面效果不会反映在其他母版视图中，如图 3.48 所示。

3.备注母版

备注母版主要用来设置幻灯片的备注格式，一般也是用来打印输出的，所以备注母版的设置大多也和打印页面有关。方法为：切换到"视图"选项卡，在"演示文稿视图"组中单击"备注母版"按钮，打开备注母版视图，如图 3.49 所示。

3.6.2　设置幻灯片母版

幻灯片母版决定着幻灯片的外观，用于设置幻灯片的标题、正文文字等样式，包括字体、字号、字体颜色、阴影等效果；也可以设置幻灯片的背景、页眉页脚等。也就是说，幻灯片母版可以为所有幻灯片设置默认的版式。

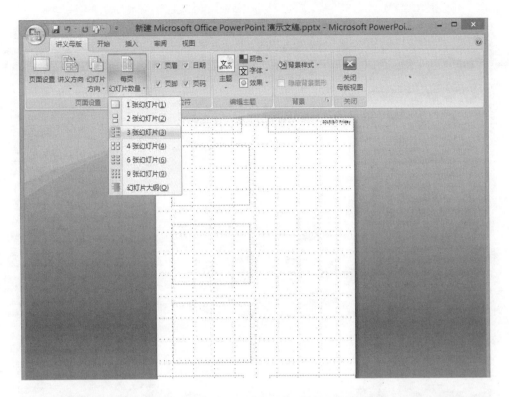

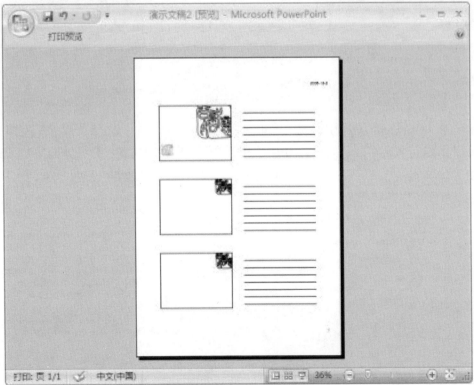

图 3.48　讲义母版

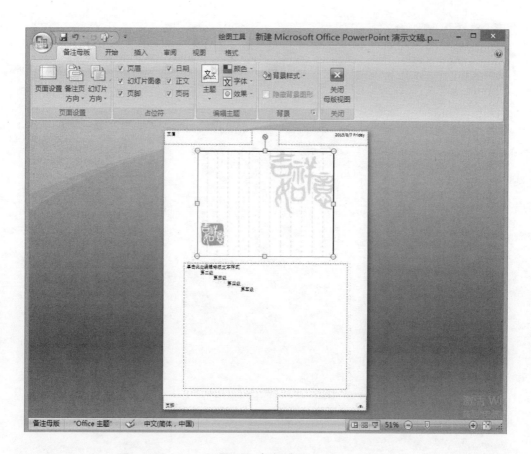

图 3.49　备注母版

1. 更改母版版式

在 PowerPoint 2007 中创建的演示文稿都带有默认的版式，这些版式一方面决定了占位符、文本框、图片、图表等内容在幻灯片中的位置；另一方面决定了幻灯片中文本的样式。在幻灯片母版视图中，用户可以按照需要设置母版版式，如图 3.50 所示。

图 3.50　设置母版版式

2.编辑背景图片

一个精美的设计模板少不了背景图片的修饰，用户可以根据实际需要在幻灯片母版视图中添加、删除或移动背景图片。例如希望让某个艺术图形（公司名称或徽标等）出现在每张幻灯片中，只需将该图形置于幻灯片母版上，此时该对象将出现在每张幻灯片的相同位置上，而不必在每张幻灯片中重复添加，如图 3.51 所示。

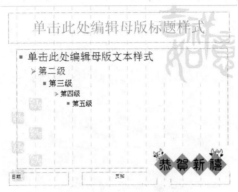

图 3.51　编辑背景图片

3.改变幻灯片的主题颜色

应用设计模板后，在功能区显示"设计"选项卡，单击"主题"组中的"颜色"按钮，将打开主题颜色菜单，如图 3.52 所示。

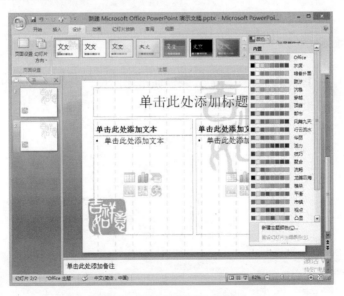

图 3.52　改变幻灯片的主题颜色

4.改变幻灯片的背景样式

在设计演示文稿时，用户除了在应用模板或改变主题颜色时更改幻灯片的背景外，还可以根据需要任意更改幻灯片的背景颜色和背景设计，如删除幻灯片中的设计元素、添加底纹、图案、纹理或图片等。

3.6.3　使用其他版面元素

在 PowerPoint 2007 中可以借助幻灯片的版面元素更好地设计演示文稿，如使用页眉和页脚在幻灯片中显示必要的信息、使用网格线和标尺定位对象等。

1. 设置页眉和页脚

在制作幻灯片时，用户可以利用 PowerPoint 提供的页眉页脚功能，为每张幻灯片添加相对固定的信息，如在幻灯片的页脚处添加页码、时间、公司名称等内容，如图 3.53 所示。

图 3.53　设置页眉和页脚

2. 使用网格线和参考线

当在幻灯片中添加多个对象后，可以通过显示的网格线来移动和调整多个对象之间的相对大小和位置。在功能区显示"视图"选项卡，选中"显示 / 隐藏"组中的"网格线"复选框，此时幻灯片效果如图 3.54 所示。

图 3.54　使用网格线和参考线

3. 使用标尺

当用户在"视图"选项卡的"显示 / 隐藏"组中选中 "标尺"复选框后，幻灯片中将出现如图 3.55 所示的标尺。从图中可以看出，幻灯片中的标尺分为水平标尺和垂直标尺两种。标尺可以让用户方便、准确地在幻灯片中放置文本或图片对象，利用标尺还可以移动和对齐这些对象，以及调整文本中的缩进和制表符。

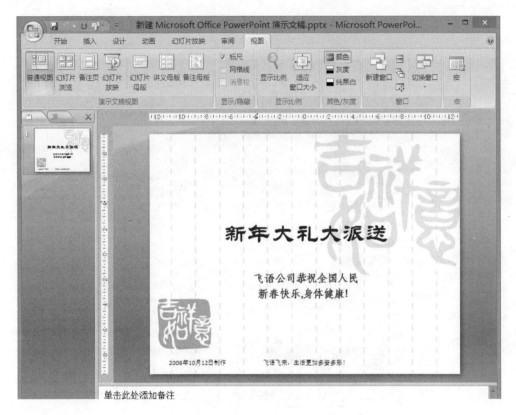

图 3.55　使用标尺

3.7　多媒体支持功能

3.7.1　在幻灯片中插入影片

PowerPoint 中的影片包括视频和动画，用户可以在幻灯片中插入的视频格式有十几种，而可以插入的动画则主要是 GIF 动画。PowerPoint 支持的影片格式会随着媒体播放器的不同而有所不同。在 PowerPoint 中插入视频及动画的方式主要有从剪辑管理器插入和从文件插入两种。

1. 插入剪辑管理器中的影片

在功能区显示"插入"选项卡，在"媒体剪辑"组中单击"影片"按钮下方的下拉箭头，在弹出的菜单中选择"剪辑管理器中的影片"命令，此时 PowerPoint 将自动打开"剪贴画"窗格，该窗格显示了剪辑中所有的影片，如图 3.56 所示。

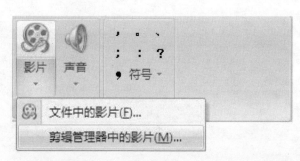

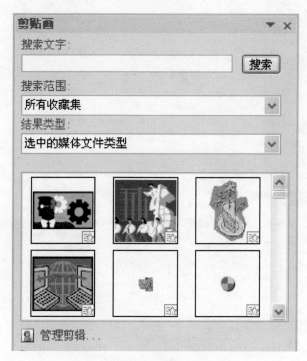

图 3.56 插入剪辑管理器中的影片

2. 插入文件中的影片

在很多情况下，PowerPoint 剪辑库中提供的影片并不能满足用户的需要，这时可以选择插入来自文件中的影片。单击"影片"按钮下方的箭头，在弹出的菜单中选择"文件中的影片"命令，打开"插入影片"对话框，如图 3.57 所示。

图 3.57　插入文件中的影片

3. 设置影片属性

对于插入幻灯片中的视频，不仅可以调整它们的位置、大小、亮度、对比度、旋转等操作，还可以进行剪裁、设置透明色、重新着色及设置边框线条等，这些操作都与图片的操作相同，如图 3.58 所示。

图 3.58　设置影片属性

3.7.2　在幻灯片中插入声音

在制作幻灯片时，用户可以根据需要插入声音，以增加向观众传递信息的通道和增强演示文稿的感染力。在插入声音文件时，需要考虑演讲的实际需要，不能因为插入的声音影响演讲及观众的收听。

1. 插入剪辑管理器中的声音

在"插入"选项卡中单击"声音"按钮下方的下拉箭头，在打开的命令列表中选择"剪辑管理器中的声音"命令，此时 PowerPoint 将自动打开"剪贴画"窗格，该窗格显示了剪辑中所有的声音，如图 3.59 所示。

图 3.59　插入剪辑管理器中的声音

2. 插入文件中的声音

从文件中插入声音时，需要在命令列表中选择"文件中的声音"命令，打开"插入声音"对话框，从该对话框中选择需要插入的声音文件，如图 3.60 所示。

3. 设置声音属性

每当用户插入一个声音后，系统都会自动创建一个声音图标，用以显示当前幻灯片中插入的声音。用户可以单击选中的声音图标，也可以使用鼠标拖动来移动位置，或是拖动其周围的控制点来改变大小。

在幻灯片中选中声音图标，功能区将出现"声音工具"选项卡，如图 3.61 所示。

3.7.3　插入 CD 乐曲与录制声音

在 PowerPoint 中，可以在幻灯片中插入 CD 乐曲和自己录制的声音，从而增强幻灯片的艺术效果，也可以更好地体现演示文稿的个性化特点。

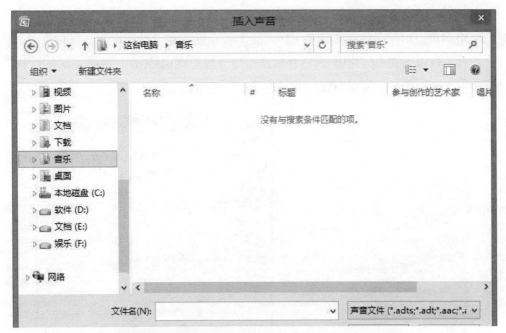

图 3.60　插入文件中的声音

图 3.61　设置声音属性

1. 播放 CD 乐曲

用户可以向演示文稿中添加 CD 光盘上的乐曲。在这种情况下，乐曲文件不会被真正地添加到幻灯片中，所以在放映幻灯片时应将 CD 光盘一直放置在光驱中，供演示文稿调用并添加到幻灯片中，如图 3.62 所示。

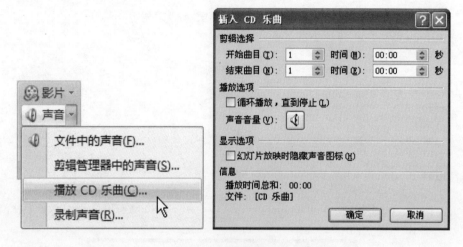

图 3.62　插入 CD 乐曲

2. 插入录制的声音

利用录制声音功能，用户可以将自己的声音插入幻灯片中。单击"声音"按钮，在打开的命令列表中选择"录制声音"命令，打开"录音"对话框，即可录制自己的声音，如图 3.63 所示。

图 3.63　插入录制的声音

3.8　PowerPoint 2007 的辅助功能

3.8.1　在 PowerPoint 2007 中绘制表格

使用 PowerPoint 制作一些专业型演示文稿时，通常需要使用表格。例如销售统计表、个人简历表、财务报表等。表格采用行列化的形式，它与幻灯片页面文字相比，更能体现内容的对应性及内在的联系。表格适合用来表达比较性、逻辑性的主题内容。

1. 在 PowerPoint 中绘制表格

PowerPoint 支持多种插入表格的方式，既可在幻灯片中直接插入，也可以从 Word 和 Excel 应用程序中调入。自动插入表格功能能够方便地辅助用户完成表格的输入，以提高在幻灯片中添加表格的效率。

2. 手动绘制表格

当插入的表格并不是完全规则时，也可以直接在幻灯片中绘制表格。绘制表格的方法很简单，单击"插入"选项卡，在"表格"组中单击"表格"按钮，在弹出的菜单中选择"绘制表格"命令即可。选择该命令后，当鼠标指针将变为笔形形状时，便可在幻灯片中进行绘制，如图 3.64 所示。

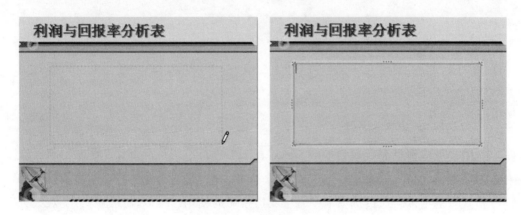

图 3.64　在 PowerPoint 中绘制表格

3. 设置表格样式和版式

插入幻灯片中的表格不仅可以像文本框和占位符一样被选中、移动、调整大小及删除，还可以为其添加底纹、设置边框样式、应用阴影效果等。除此之外，用户还可以对单元格进行编辑，如拆分，合并，添加行、列，设置行高和列宽等。

3.8.2　创建 SmartArt 图形

使用 SmartArt 图形可以非常直观地说明层级关系、附属关系、并列关系、循环关系等各种常见关系，而且制作出来的图形漂亮精美，具有很强的立体感和画面感。

1. 选择插入 SmartArt 图形

在功能区显示"插入"选项卡，再在"插图"组中单击"SmartArt"按钮，打开"选择 SmartArt 图形"对话框，如图 3.65 所示。

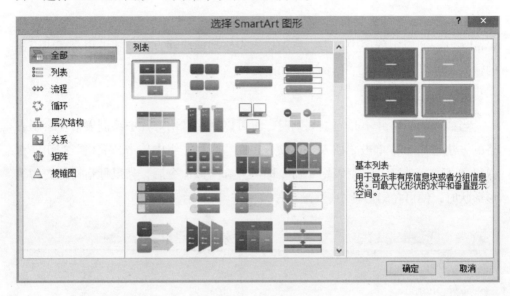

图 3.65　创建 SmartArt 图形

2. 编辑 SmartArt 图形

用户可以根据需要对插入的 SmartArt 图形进行编辑，如添加、删除形状，设置形状的填充色、效果等。选中插入的 SmartArt 图形，功能区将显示"设计"和"格式"选项卡，通过选项卡中各个功能按钮的使用，可以设计出各种美观大方的 SmartArt 图形。

3.8.3　插入 Excel 图表

与文字数据相比，形象直观的图表更容易让人理解，它以简单易懂的方式反映了各种数据关系。PowerPoint 附带了一种 Microsoft Graph 的图表生成工具，它能提供各种不同的图表来满足用户的需要，使得制作图表的过程简便而且自动化。

1. 在幻灯片中插入图表

插入图表的方法与插入图片、影片、声音等对象的方法类似，在功能区显示"插入"选项卡，在"插图"组中单击"图表"按钮即可。单击该按钮，将打开"插入图表"对话框，如图 3.66 所示，该对话框提供了 11 种图表类型，每种类型可以分别用来表示不同的数据关系。

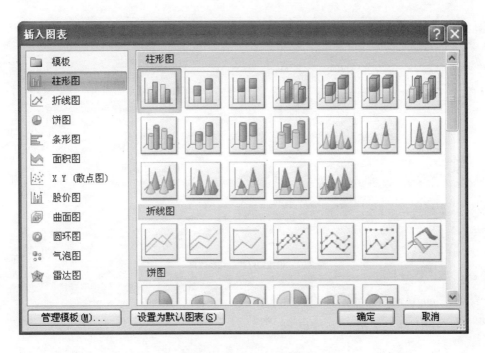

图 3.66　在幻灯片中插入图表

2.编辑与修饰图表

在 PowerPoint 中创建的图表，不仅可以像其他图形对象一样进行移动和调整大小，还可以设置图表的颜色、图表中某个元素的属性等。

3.9　PowerPoint 2007 的动画功能

3.9.1　设置幻灯片的切换效果

幻灯片切换效果是指一张幻灯片如何从屏幕上消失，以及另一张幻灯片如何显示在屏幕上的方式。幻灯片切换方式可以是简单地以一个幻灯片代替另一个幻灯片，也可以使幻灯片以特殊的效果出现在屏幕上。可以为一组幻灯片设置同一种切换方式，也可以为每张幻灯片设置不同的切换方式，如图 3.67 所示。

3.9.2　自定义动画

在 PowerPoint 中，除了幻灯片切换动画外，还包括自定义动画。所谓自定义动画，是指为幻灯片内部各个对象设置的动画，它又可以分为项目动画和对象动画。其中项目动画是指为文本中的段落设置的动画，对象动画是指为幻灯片中的图形、

图 3.67　设置幻灯片的切换效果

表格、SmartArt 图形等设置的动画。

　　1. 制作进入式的动画效果

　　"进入"动画可以设置文本或其他对象以多种动画效果进入放映屏幕。在添加动画效果之前需要选中对象。对于占位符或文本框来说，选中占位符、文本框，以及进入其文本编辑状态时，都可以为它们添加动画效果，如图 3.68 所示。

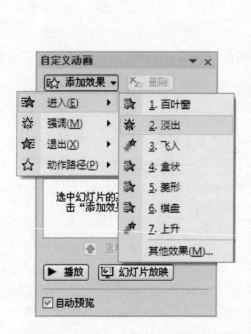

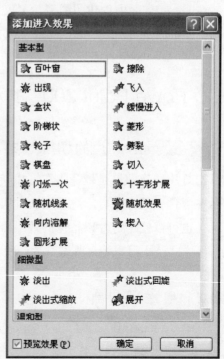

图 3.68　制作进入式的动画效果

2. 制作强调式的动画效果

强调动画是为了突出幻灯片中的某部分内容而设置的特殊动画效果。添加强调动画的过程和添加进入效果大体相同，选择对象后，在"自定义动画"任务窗口中单击"添加效果"按钮，选择"强调"菜单中的命令，即可为幻灯片中的对象添加"强调"动画效果。用户同样可以选择"强调"→"其他效果"命令，打开"添加强调效果"对话框，添加更多强调动画效果，如图 3.69 所示。

图 3.69　制作强调式的动画效果

3. 制作退出时的动画效果

除了可以给幻灯片中的对象添加进入、强调动画效果外，还可以添加退出动画。退出动画可以设置幻灯片中的对象退出屏幕的效果。添加退出动画的过程和添加进入、强调动画效果大体相同，如图 3.70 所示。

4. 利用动作路径制作的动画效果

动作路径动画又称为路径动画，可以指定文本等对象沿预定的路径运动。PowerPoint 中的动作路径动画不仅提供了大量预设路径效果，还可以由用户自定义路径动画，如图 3.71 所示。

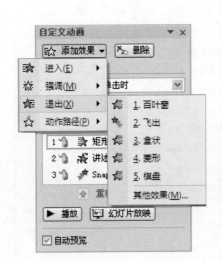

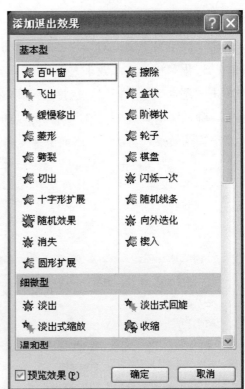

图 3.70　制作退出时的动画效果

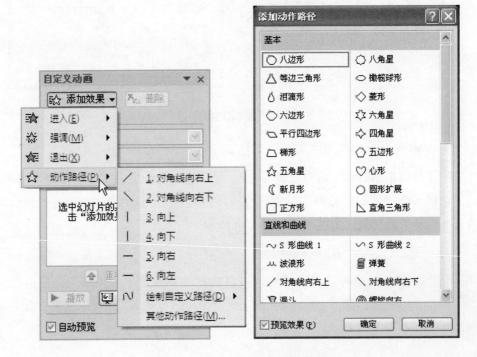

图 3.71　利用动作路径制作的动画效果

3.9.3　设置动画选项

当为对象添加了动画效果后，该对象就应用了默认的动画格式，这些动画格式主要包括动画开始运行的方式、变化方向、运行速度、延时方案、重复次数等。为对象重新设置动画选项可以在"自定义动画"任务窗格中完成。

1. 更改动画格式

在"自定义动画"任务窗格中，单击动画效果列表中的动画效果，在该效果周围将出现一个边框，用此来表示该动画效果被选中。此时，任务窗格中的"添加效果"按钮变为"更改"按钮，如图 3.72 所示。单击"更改"按钮，可以重新选择动画效果；单击"删除"按钮，能将当前动画效果删除。

图 3.72　更改动画格式

2. 调整动画播放序列

在给幻灯片中的多个对象添加动画效果时，添加效果的顺序就是幻灯片放映时的播放次序。当幻灯片中的对象较多时，难免在添加效果时使动画次序产生错误，这时可以在动画效果添加完成后，再对其进行重新调整。

在"自定义动画"任务窗格的列表中单击需要调整播放次序的动画效果，然后单击窗格底部的上移按钮或下移按钮来调整该动画的播放次序。

3.10　幻灯片放映

3.10.1　创建交互式演示文稿

在 PowerPoint 中，用户可以为幻灯片中的文本、图形、图片等对象添加超链接或者动作。当放映幻灯片时，可以在添加了动作的按钮或者超链接的文本上单击，程序将自动跳转到指定的幻灯片页面，或者执行指定的程序。演示文稿不再是从头到尾播放的线形模式，而是具有了一定的交互性，能够按照预先设定的方式，在适当的时候放映需要的内容，或作出相应的反映。

1. 添加超链接

超链接是指向特定位置或文件的一种连接方式，可以利用它指定程序的跳转位置。超链接只有在幻灯片放映时才有效。在 PowerPoint 中，超链接可以跳转到当前演示文稿中的特定幻灯片、其他演示文稿中特定的幻灯片、电子邮件地址、文件或 Web 页上，如图 3.73 所示。

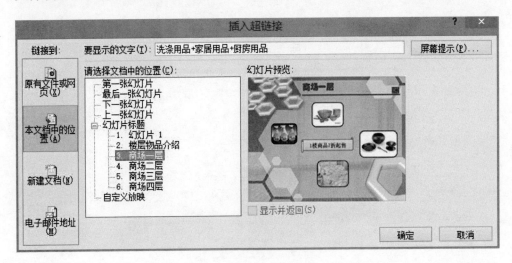

图 3.73　添加超链接

2. 添加动作按钮

动作按钮是 PowerPoint 中预先设置好的一组带有特定动作的图形按钮，这些按钮被预先设置为指向前一张、后一张、第一张、最后一张幻灯片、播放声音及播放电影等链接，应用这些预置好的按钮，可以实现在放映幻灯片时跳转的目的，如图 3.74 所示。

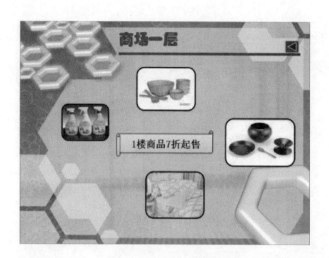

图 3.74　添加动作按钮

3. 隐藏幻灯片

如果通过添加超链接或动作按钮将演示文稿的结构设置得较为复杂时，并希望在正常的放映中不显示这些幻灯片，只有单击指向它们的链接时才会被显示。要达到这样的效果，就可以使用幻灯片的隐藏功能。

在普通视图模式下，右击幻灯片预览窗口中的幻灯片缩略图，在弹出的快捷菜单中选择"隐藏幻灯片"命令，或者在功能区的"幻灯片放映"选项卡中单击"隐藏幻灯片"按钮即可隐藏幻灯片。被隐藏的幻灯片编号上将显示一个带有斜线的灰色小方框，则该张幻灯片在正常放映时不会被显示，只有当用户单击了指向它的超链接或动作按钮后才会显示。

3.10.2　演示文稿排练计时

当完成演示文稿内容制作之后，可以运用 PowerPoint 的"排练计时"功能来排练整个演示文稿放映的时间。在"排练计时"的过程中，演讲者可以确切了解每一页幻灯片需要讲解的时间，以及整个演示文稿的总放映时间，如图 3.75 所示。

3.10.3　设置演示文稿的放映方式

PowerPoint 2007 提供了多种演示文稿的放映方式，最常用的是幻灯片页面的演示控制，主要有幻灯片的定时放映、连续放映和循环放映。

1. 定时放映幻灯片

用户在设置幻灯片切换效果时，可以设置每张幻灯片在放映时停留的时间，当等待到设定的时间后，幻灯片将自动向下放映，如图 3.76 所示。

图 3.75　演示文稿排练计时

图 3.76　定时放映幻灯片

2.连续放映幻灯片

在图 3.77 所示的选项卡中，为当前选定的幻灯片设置自动切换时间后，再单击"全部应用"按钮，为演示文稿中的每张幻灯片设定相同的切换时间，这样就实现了幻灯片的连续自动放映。

需要注意的是，由于每张幻灯片的内容不同，放映的时间可能不同，所以设置连续放映的最常见方法是通过"排练计时"功能完成。用户也可以根据每张幻灯片的内容，在"幻灯片切换"任务窗格中为每张幻灯片设定放映时间。

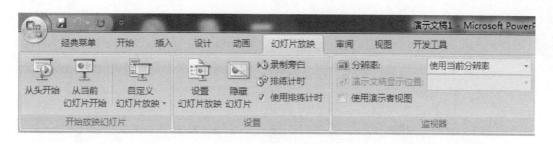

图 3.77　连续放映幻灯片

3. 循环放映幻灯片

用户将制作好的演示文稿设置为循环放映，可以应用于如展览会场的展台等场合，其可让演示文稿自动运行并循环播放。

在图 3.78 所示的"设置放映方式"对话框的"放映选项"选项区域中选中"循环放映，按 Esc 键终止"复选框，则在播放完最后一张幻灯片后，会自动跳转到第 1 张幻灯片，而不是结束放映，直到用户按"Esc"键退出放映状态。

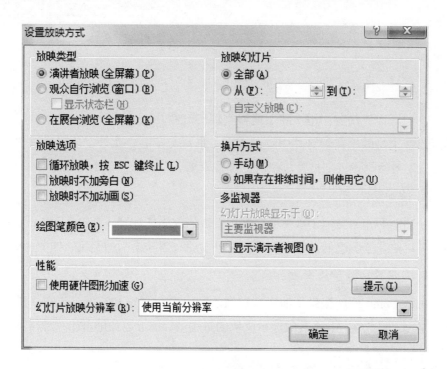

图 3.78　循环放映幻灯片

4. 自定义放映幻灯片

自定义放映是指用户可以自定义演示文稿放映的张数，使一个演示文稿适用于多种观众，即可以将一个演示文稿中的多张幻灯片进行分组，以便为特定的观众放映演示文稿中的特定部分。用户可以用超链接分别指向演示文稿中的各个自定义放映，也可以在放映整个演示文稿时只放映其中的某个自定义放映，如图 3.79 所示。

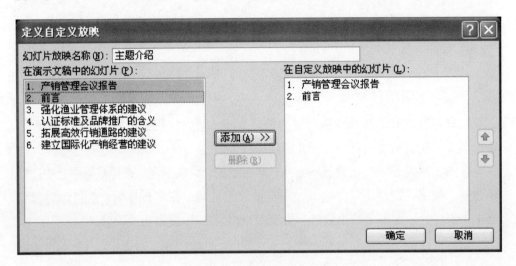

图 3.79　自定义放映幻灯片

3.10.4　控制幻灯片放映

在幻灯片放映时，用户除了能够实现幻灯片切换动画、自定义动画等效果，还可以使用绘图笔在幻灯片中绘制重点、书写文字等。此外，可以通过"设置放映方式"对话框设置幻灯片放映时的屏幕效果。

1. 使用绘图笔

绘图笔的作用类似于板书笔，常用于强调或添加注释。在 PowerPoint 2007 中，用户可以选择绘图笔的形状和颜色，也可以随时擦除绘制的笔迹，如图 3.80 所示。

2. 幻灯片放映的屏幕操作

PowerPoint 2007 提供了演讲者放映、观众自行浏览和在展台浏览 3 种不同的放映类型。除此之外，在放映演示文稿的过程中，还可以使屏幕出现黑屏或白屏。

3.10.5　录制和删除旁白

在 PowerPoint 中可以为指定的幻灯片或全部幻灯片添加录音旁白。使用录制旁白可以为演示文稿增加解说词，并在放映状态下主动播放语音说明，如图 3.81 所示。

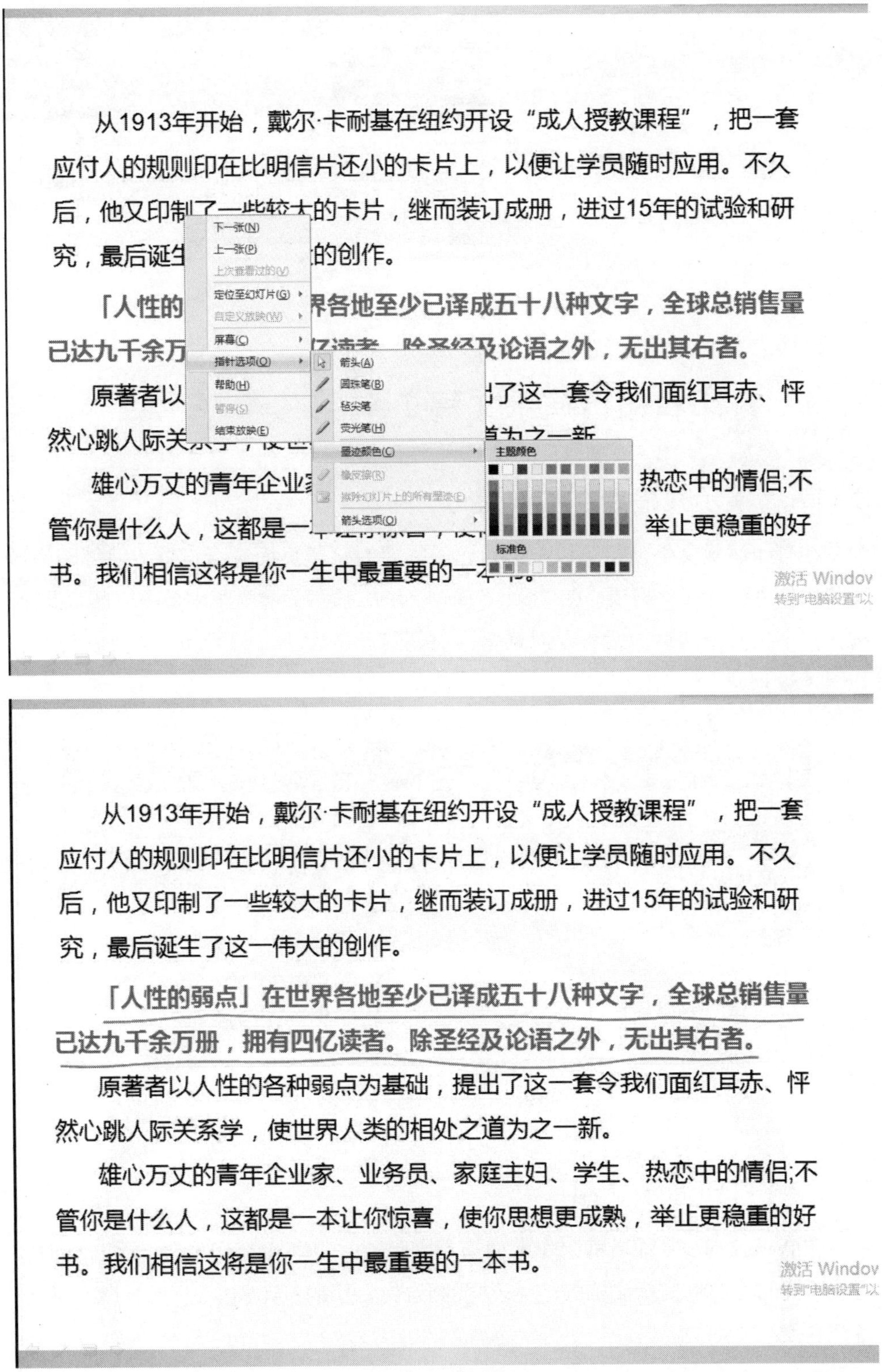

从1913年开始，戴尔·卡耐基在纽约开设"成人授教课程"，把一套应付人的规则印在比明信片还小的卡片上，以便让学员随时应用。不久后，他又印制了一些较大的卡片，继而装订成册，进过15年的试验和研究，最后诞生了这一伟大的创作。

「人性的弱点」在世界各地至少已译成五十八种文字，全球总销售量已达九千余万册，拥有四亿读者。除圣经及论语之外，无出其右者。

原著者以人性的各种弱点为基础，提出了这一套令我们面红耳赤、怦然心跳人际关系学，使世界人类的相处之道为之一新。

雄心万丈的青年企业家、业务员、家庭主妇、学生、热恋中的情侣;不管你是什么人，这都是一本让你惊喜，使你思想更成熟，举止更稳重的好书。我们相信这将是你一生中最重要的一本书。

激活 Windov
转到"电脑设置"以

从1913年开始，戴尔·卡耐基在纽约开设"成人授教课程"，把一套应付人的规则印在比明信片还小的卡片上，以便让学员随时应用。不久后，他又印制了一些较大的卡片，继而装订成册，进过15年的试验和研究，最后诞生了这一伟大的创作。

「人性的弱点」在世界各地至少已译成五十八种文字，全球总销售量已达九千余万册，拥有四亿读者。除圣经及论语之外，无出其右者。

原著者以人性的各种弱点为基础，提出了这一套令我们面红耳赤、怦然心跳人际关系学，使世界人类的相处之道为之一新。

雄心万丈的青年企业家、业务员、家庭主妇、学生、热恋中的情侣;不管你是什么人，这都是一本让你惊喜，使你思想更成熟，举止更稳重的好书。我们相信这将是你一生中最重要的一本书。

激活 Windov
转到"电脑设置"以

图 3.80　使用绘图笔

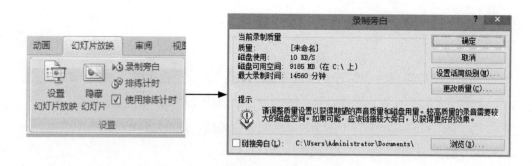

图 3.81　录制旁白

3.11　打印和输出演示文稿

3.11.1　演示文稿的页面设置

在打印演示文稿前，可以根据自己的需要对打印页面进行设置，使打印的形式和效果更符合实际需要。在"设计"选项卡的"页面设置"组中单击"页面设置"按钮，在打开的"页面设置"对话框中对幻灯片的大小、编号和方向进行设置，如图 3.82 所示。

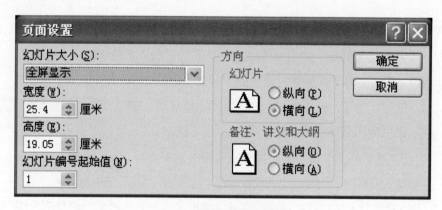

图 3.82　演示文稿的页面设置

3.11.2　打印演示文稿

在 PowerPoint 中可以将制作好的演示文稿通过打印机打印出来。在打印时，根据不同的目的将演示文稿打印为不同的形式，常用的打印稿形式有幻灯片、讲义、备注和大纲视图。

1. 打印预览

用户在页面设置中设置好打印参数后，在实际打印之前，可以利用"打印预览"功能先预览一下打印的效果。预览的效果与实际打印出来的效果非常接近，可以令用户避免不必要的损失，如图 3.83 所示。

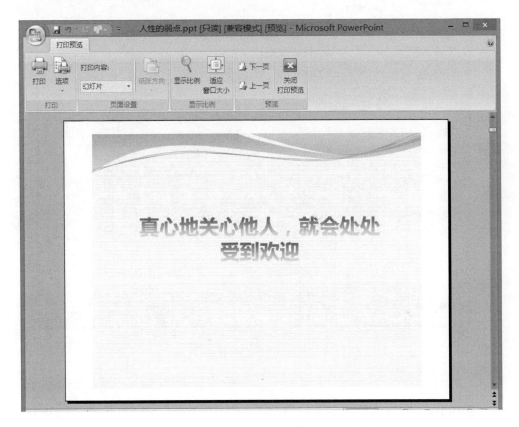

图 3.83 打印预览

2. 开始打印

对当前的打印设置及预览效果满意后，可以连接打印机开始打印演示文稿。方法为：单击"Office"按钮，在弹出的菜单中选择"打印"→"打印"命令，打开"打印"对话框，如图 3.84 所示。

3.11.3 输出演示文稿

用户可以将演示文稿输出为其他形式，以满足用户多用途的需要。在 PowerPoint 中，可以将演示文稿输出为网页、多种图片格式、幻灯片放映以及 RTF、大纲文件。

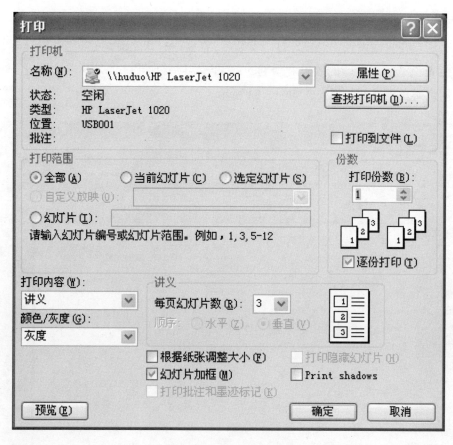

图 3.84　PowerPoint 打印设置

1. 输出为网页

使用 PowerPoint 可以方便地将演示文稿输出为网页文件，再将网页文件直接发布到局域网或 Internet 上供用户浏览，如图 3.85 所示。

2. 输出为图形文件

·PowerPoint 支持将演示文稿中的幻灯片输出为 GIF、JPG、PNG、TIFF、BMP、WMF 及 EMF 等格式的图形文件，这有利于用户在更大范围内交换或共享演示文稿中的内容，如图 3.86 所示。

3. 输出为幻灯片放映及大纲文件

在 PowerPoint 中经常用到的输出格式还有幻灯片放映和大纲。幻灯片放映是将演示文稿保存为总是以幻灯片放映的形式打开演示文稿，每次打开该类型文件，PowerPoint 会自动切换到幻灯片放映状态，而不会出现 PowerPoint 编辑窗口。PowerPoint 输出的大纲文件是按照演示文稿中的幻灯片标题及段落级别生成的标准 RTF 文件，可以被其他如 Word 等文字处理软件打开或编辑。

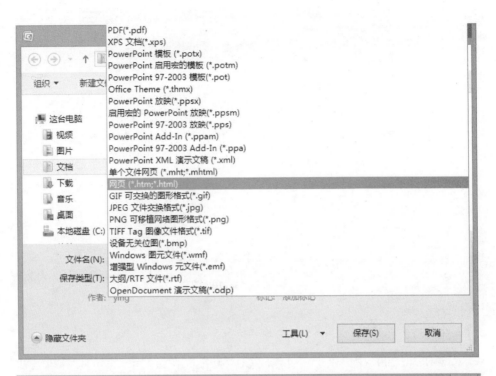

图 3.85　输出为网页

图 3.86　输出为图形文件

3.11.4　打包演示文稿

PowerPoint 2007 中提供了"打包成 CD"功能，在有刻录光驱的计算机上可以方便地将制作的演示文稿及其链接的各种媒体文件一次性打包到 CD 上，轻松实现演示文稿的分发或转移，如图 3.87 所示。

图 3.87　打包演示文稿